黑土利用与保护

张兴义　刘晓冰　赵　军　著

谨以此书献给中国科学院东北地理与农业生态研究所建所60周年

科学出版社
北　京

内 容 简 介

本书简要介绍了世界四大片黑土的分布，展示了中国黑土资源及其相关环境因子，成土母质、地势地貌、土地利用和黑土主要理化性状的区域分布，详细比较了不同年代几个典型黑土市（区）土地利用和有机质等变化；黑土侵蚀现状、防治分区以及黑土保护工程实施和措施应用前后的景观效果图件，便于黑土科研教育工作者、管理者一目了然地认知黑土资源的现状以及保护利用需要重视的问题。

本书可作为高等院校及科研院所水土保持专业、资源科学、环境科学等学科的教学或参考书目，可供从事土壤侵蚀、环境保护、资源管理、全球变化与可持续发展等的研究人员、技术人员和政府部门管理人员借鉴和使用。

审图号：GS（2018）5146 号

图书在版编目(CIP)数据

黑土利用与保护 / 张兴义，刘晓冰，赵军著. —北京：科学出版社，2018. 10

ISBN 978-7-03-058957-6

Ⅰ.①黑… Ⅱ.①张…②刘…③赵… Ⅲ.①黑土-土地利用-研究-东北地区②黑土-土地保护-研究-东北地区 Ⅳ.①S157.1

中国版本图书馆 CIP 数据核字（2018）第 222011 号

责任编辑：周 杰 王勤勤 / 责任校对：彭 涛

责任印制：肖 兴 / 封面设计：无极书装

科学出版社 出版

北京东黄城根北街 16 号

邮政编码：100717

http://www.sciencep.com

中国科学院印刷厂 印刷

科学出版社发行 各地新华书店经销

*

2018 年 10 月第 一 版 开本：787×1092 1/16

2018 年 10 月第一次印刷 印张：12 1/4

字数：500 000

定价：380.00 元

（如有印装质量问题，我社负责调换）

前　言

黑土是人类最宝贵的自然资源，是呈地带性分布的土壤类型。全世界有四大片连续分布的黑土区，总面积为9.16亿hm^2，占世界无冰地表面积的7%，主要分布在北半球40°N～54°N的中国东北、美国中部平原、加拿大草原、墨西哥东部半干旱草原、俄罗斯高地草原、乌克兰台地和南半球27°S～40°S的南美洲阿根廷查科潘帕斯草原以及巴塔哥尼亚、美索不达米亚区域和乌拉圭内格罗河流域。黑土，因其腐殖质层厚，有机质含量和阳离子交换量高，是世界上土壤肥力最高、最适于耕种的土壤，黑土分布区成为世界粮食、饲料和纤维生产的重要基地，对保障世界粮食安全和生态安全起着举足轻重的作用。

我国连片的黑土地分布在东北，其相对世界其他三个区域开发较晚，只有百余年的历史。连片的黑土地，为国内粮食供应、农业机械化及相关产业的发展做出了贡献。但是，由于高强度开发、掠夺式经营和不合理的管理利用方式以及自然因素变化的影响，我国最具生产力的东北黑土呈现出不断退化的问题，水土流失严重，作物产量更多地依赖于化学物质的投入，造成生产成本剧增，威胁黑土区农业的可持续发展、东北大粮仓的地位以及国家粮食与生态安全。

为简明直观快速地理解和认识我国黑土耕地数量、质量的现状和存在的问题，了解黑土保护工程与利用措施的做法、成效以及气候变化背景下的土地利用格局，进一步高效科学地利用黑土生产力的自然禀赋，基于中国科学院东北地理与农业生态研究所长期有关黑土区的野外实验、调查（包括国外黑土区的实地考察）、采样和科学研究数据，综合集成国家地球系统科学数据共享服务平台“东北黑土科学数据中心”等的数据资源，同时参照国内外权威著作和相关研究论文，综合我国黑土科学多年研究成果，我们尝试以图件化表达方式，编撰了本书。本书简要介绍了世界四大片黑土的分布，展示了中国黑土资源和相关环境因子的分布，成土母质、地势地貌、土地利用和黑土主要理化性状的区域分布，详细比较了不同年代几个典型黑土市（区）土地利用和有机质等变化；黑土侵蚀现状、防治分区以及黑土保护工程实施和措施应用前后的景观效果图件，期待本书能成为热衷于从事黑土科研、教育工作者和管理者的一个很有价值的参考工具，为黑土资源保护和永续利用起到支撑作用。

国家地球系统科学数据共享服务平台“东北黑土科学数据中心”、中国科学院

“十三五”信息化专项科学大数据工程项目“大数据驱动学科创新示范平台”（XXH13505-07）为本书制作提供了大量的矢量化图件，国家重点研发计划“典型脆弱生态修复与保护研究”重点专项项目（2017YFC0504200）和国家外国专家局黑土引智基地给予了科技和资金支持。本书在撰写过程中，我国著名土壤学家黑龙江八一农垦大学张之一教授提供了他毕生的研究资料，并在本书的理论论述上给予了很多重要指导，阿根廷土地研究所所长 Miguel A. Taboada 教授和乌拉圭共和国大学 J. Mario 博士提供了南美洲阿根廷和乌拉圭黑土部分图件，美国艾奥瓦州立大学黑土管理学家 R. M. Cruse 教授和加拿大农业及农业食品部 Ted Huffuman 教授提供了北美洲美国和加拿大黑土图件，乌克兰生命与环境科学国立大学 Kravchenko Yurry 博士提供了乌克兰黑土图件，水利部松辽水利委员会孟令钦博士提供了东北黑土区水土流失及水土保持图件，杜书立、李浩、宋春雨、徐金忠、付微、赵晓春、张晟旻、胡伟承担了本书的部分写作。在此，对本书出版给予帮助的同仁表示诚挚的谢意。

由于作者的知识深度和积累有限，书中难免存在不妥之处，敬请各位读者批评指正。

作　者

2018 年 7 月 31 日于哈尔滨

目　录

第一章　世界黑土

第一节　世界黑土区的定义与分布

一、总体概念

世界黑土按照美国土壤系统分类称为软土（mollisols），软土通常是富含盐基矿质的暗色草原土壤，所有这类土壤都有一个松软表层，很多还有黏化层、碱化层或钙积层，有少部分有漂白层，有一些还有硬盘或石化钙积层。软土广泛分布在北美洲、欧洲、亚洲和南美洲的半湿润至半干旱的平原区域。按照早期俄国的土壤系统分类称为黑钙土（chernozem），以此分类，世界上应该有四大片。而按照联合国粮食及农业组织（Food and Agriculture Organization of the United Nations，FAO）和我国第二次土壤普查的土壤发生分类的黑土，则为三大片，但这三大片黑土中没有乌克兰和俄罗斯，而有阿根廷和乌拉圭（张之一，2005）。因此，按照美国土壤系统分类的软土定义，世界上应该有四大连片黑土，主要分布在中国东北、美国中部平原、加拿大草原和墨西哥东部半干旱草原、俄罗斯高地草原（50°N～54°N）、乌克兰台地（44°N～51°N）、南美洲阿根廷查科的潘帕斯草原以及巴塔哥尼亚、美索不达米亚区域和乌拉圭内格罗河流域。黑土总面积为9.16亿hm^2，占世界无冰地表面积的7%。其中，美国、加拿大和墨西哥连片黑土分布面积分别为2亿hm^2、4000万hm^2和5000万hm^2，俄罗斯连片黑土分布面积为1.48亿hm^2，乌克兰连片黑土分布面积为3400万hm^2，中国东北连片黑土分布面积为3500万hm^2，阿根廷连片黑土分布面积为8900万hm^2，乌拉圭连片黑土分布面积为1300万hm^2。巴西南部也分布有一小片黑土，面积为426万hm^2（Liu et al.，2012）（图1.1）。

二、论述

关于世界上几大片黑土的论述有两种不同的说法。在我国一直宣传和被引用的是三大片黑土的论述，这三大片黑土是指北美洲的密西西比河流域、乌克兰和俄罗斯大平原以及中国的东北地区（龚子同，2003）。国际土壤学会（International Union

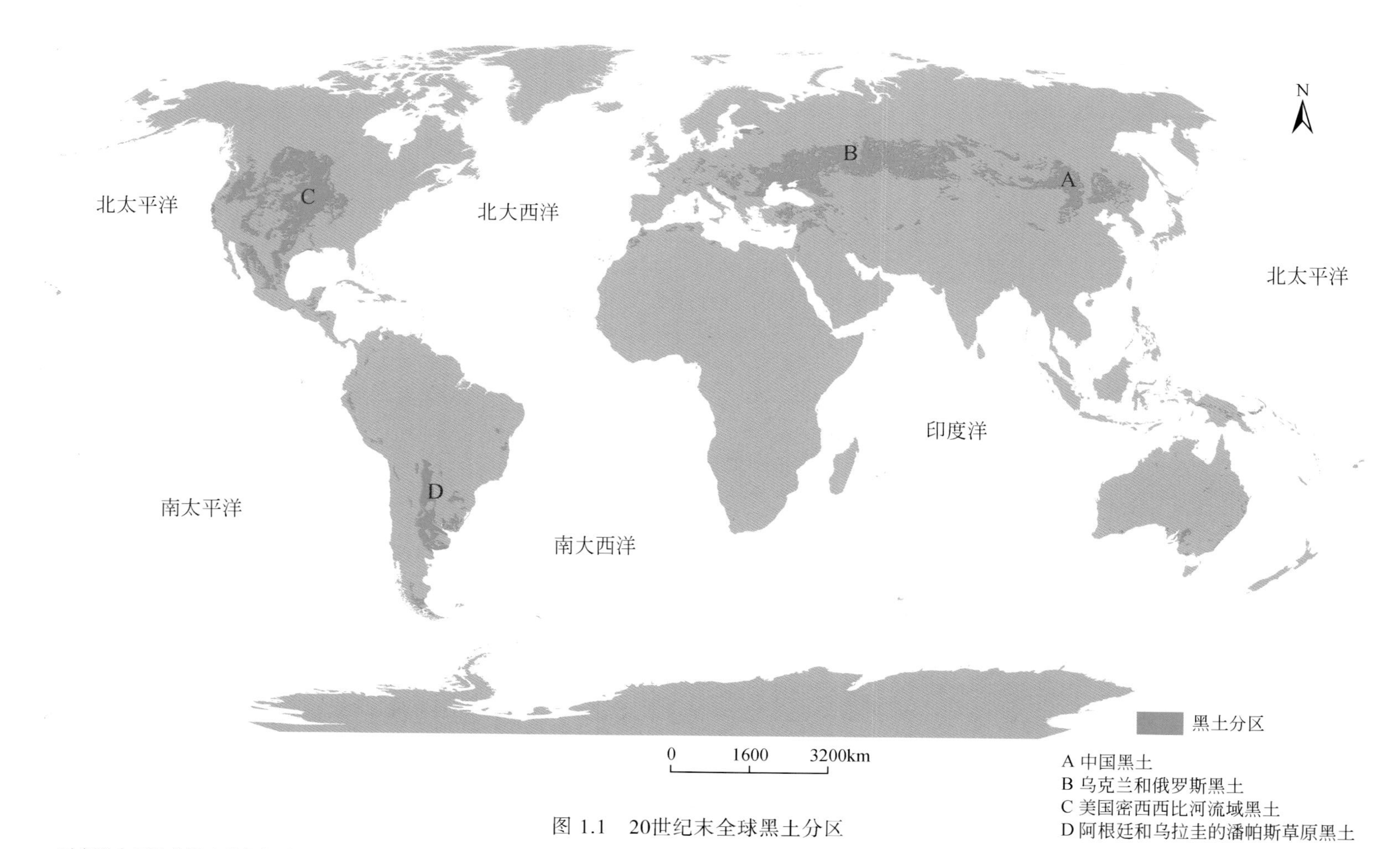

图 1.1　20世纪末全球黑土分区

引自联合国粮食及农业组织（Food and Agriculture Organization of the United Nation，FAO）/联合国教育、科学及文化组织（United Nations Educational Scientific and Cultural Organization，UNESCO）世界土壤分类图，参考美国土壤系统分类学和1999年土壤调查的标准，黑土面积约为916. 1万km^2

of Soil Sciences，IUSS）、联合国粮食及农业组织（Food and Agriculture Organization of the United Nation，FAO）和国际土壤参比与信息中心（International Soil Reference and Information Centre，ISRIC）所编著的《世界土壤资源参比基础》（World Reference Base for Soil Resources，WRB）一书中所说的三大片黑土是指，美国，面积约为7000万hm^2；阿根廷和乌拉圭的潘帕斯草原，面积约为5000万hm^2；中国的长春和哈尔滨及以北地区，面积约为1800万hm^2。比较这两种不同的说法可以发现：我国传统认为的三大片黑土分布，没有阿根廷和乌拉圭的潘帕斯草原，可能是只看到北半球的黑土而忽略了南半球也有黑土（张之一，2005）。1954年苏联土壤学家威林斯基（1957）所著《土壤学》一书中的世界土壤图就表明阿根廷和乌拉圭有大片的黑土。《世界土壤资源参比基础》的黑土没有乌克兰和俄罗斯，那是对黑土分类和概念界定不同而致，其所指的黑土，不包括黑钙土，而乌克兰和俄罗斯是大面积的黑钙土而不是黑土（Spaargaren，1994；张之一，2010a）。黑土和黑钙土不同，黑土因气候湿润，土壤明显潮湿，草甸植被繁茂，因而草甸过程比较普遍，腐殖质积累与淋溶作用强烈（龚子同，2003；张之一，2005；Liu et al.，2012）。

第二节 南美黑土

一、阿根廷黑土

阿根廷黑土主要分布在阿根廷查科的潘帕斯草原以及巴塔哥尼亚、美索不达米亚区域，但典型的阿根廷黑土主要分布在湿润和半湿-半干旱的潘帕斯区域（图1.2和图1.3）。这就是为什么尽管潘帕斯草原面积约为7600万hm^2，但阿根廷实际黑土面积为8900万hm^2的原因（Liu et al.，2012）。

潘帕斯草原位于南美洲的南部，是阿根廷中、东部的亚热带型大草原。北连格连查科草原，南接巴塔哥尼亚高原，西抵安第斯山麓，东达大西洋岸。

潘帕斯源于印第安丘克亚语，意为“没有树木的大草原”，是南美洲比较独特的一种植被类型，表现为一望无际的肥沃田野。就地带性和气候条件而论，本区适宜树木生长，实际上除沿河两岸有“走廊式”林木外，基本为无林草原，一般称潘帕斯群落。气候条件有亚热带也有温带，冬季温和，最冷月平均气温高于0℃；夏季温暖，最热月平均气温为26~28℃，气候半湿润至半干旱（图1.4，图1.5）。年降水量为1000~2500mm，由东北向西南递减，以500mm降水量为界，西部为“干潘帕斯”（图1.6）。除禾本科草类外，西南边缘还生长着稀疏的旱生灌丛，发育有栗钙土、棕钙土，多盐沼泽和咸水河。东部为“湿润潘帕斯”，发育有肥沃

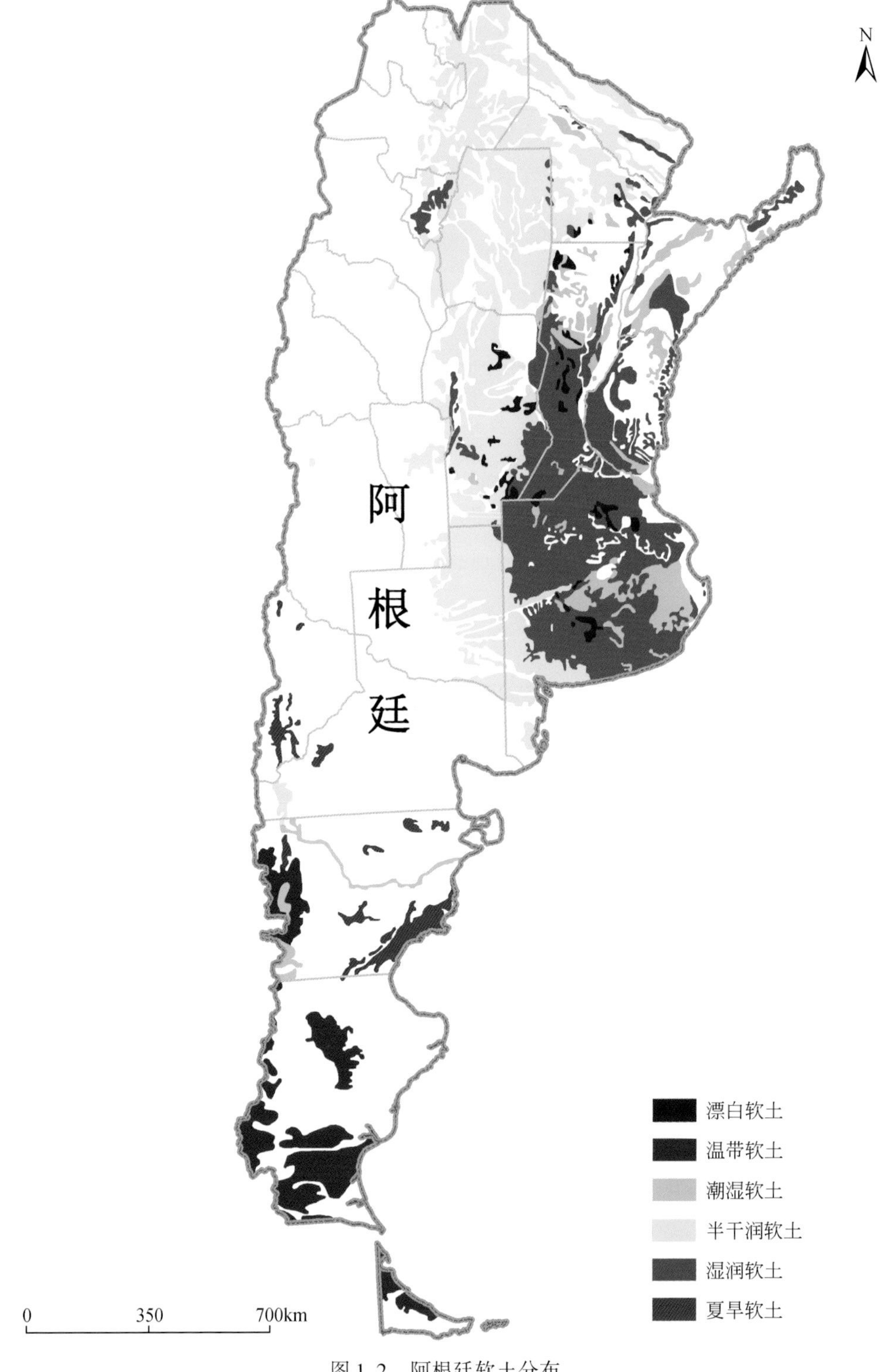

图 1.2　阿根廷软土分布

引自 1975 年美国土壤分类编辑（Soil Survey Staff，1994），

参考网址：http：//www. geointa. inta. gob. ar/

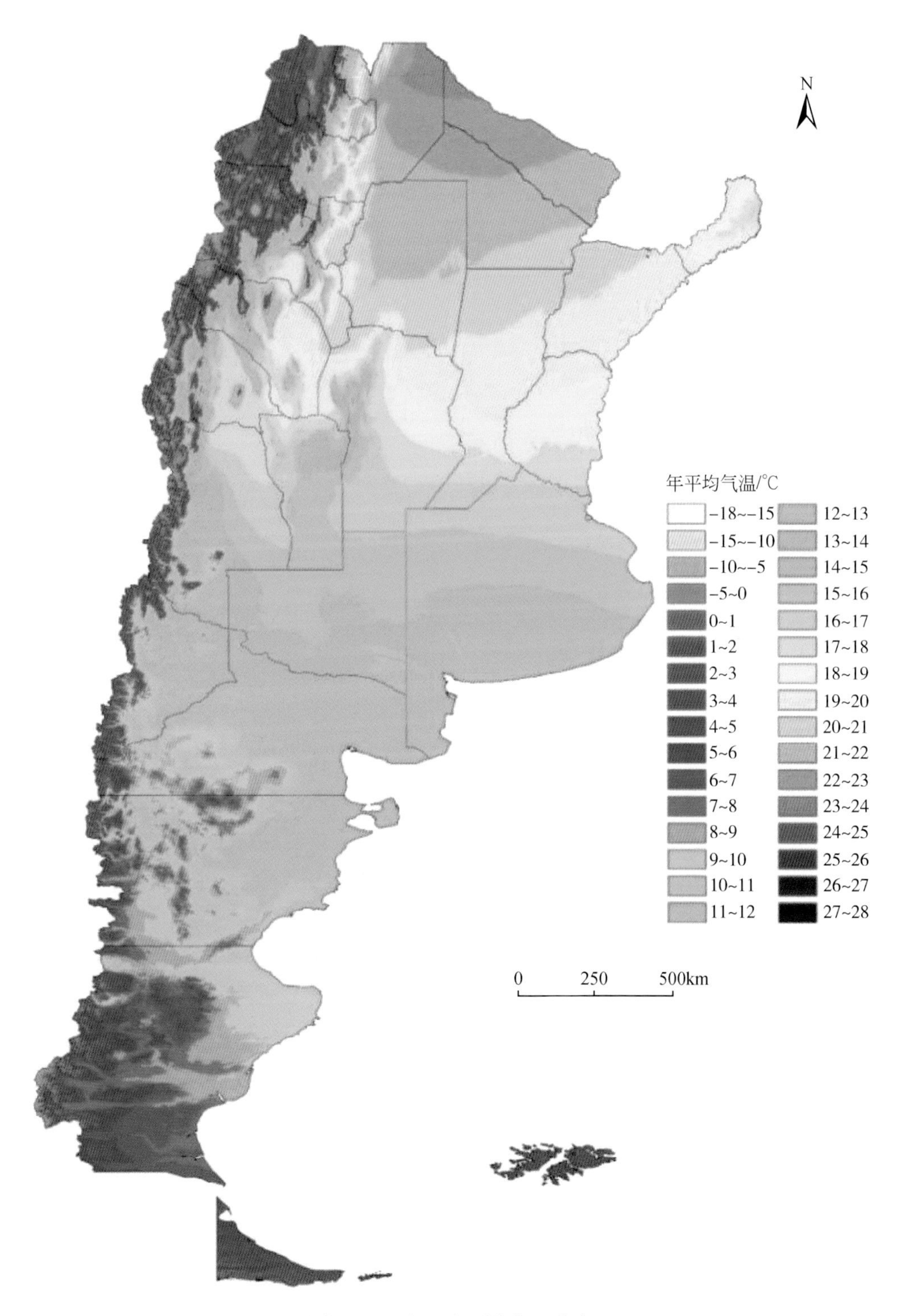

图 1.3 阿根廷年平均气温分布

引自阿根廷国家农业技术研究所（Instituto Nacional de Tecnologia Agropecuaria，INTA）2015 年 12 月提供的阿根廷年平均气温分布图，参考网址：https：//inta. gob. ar/

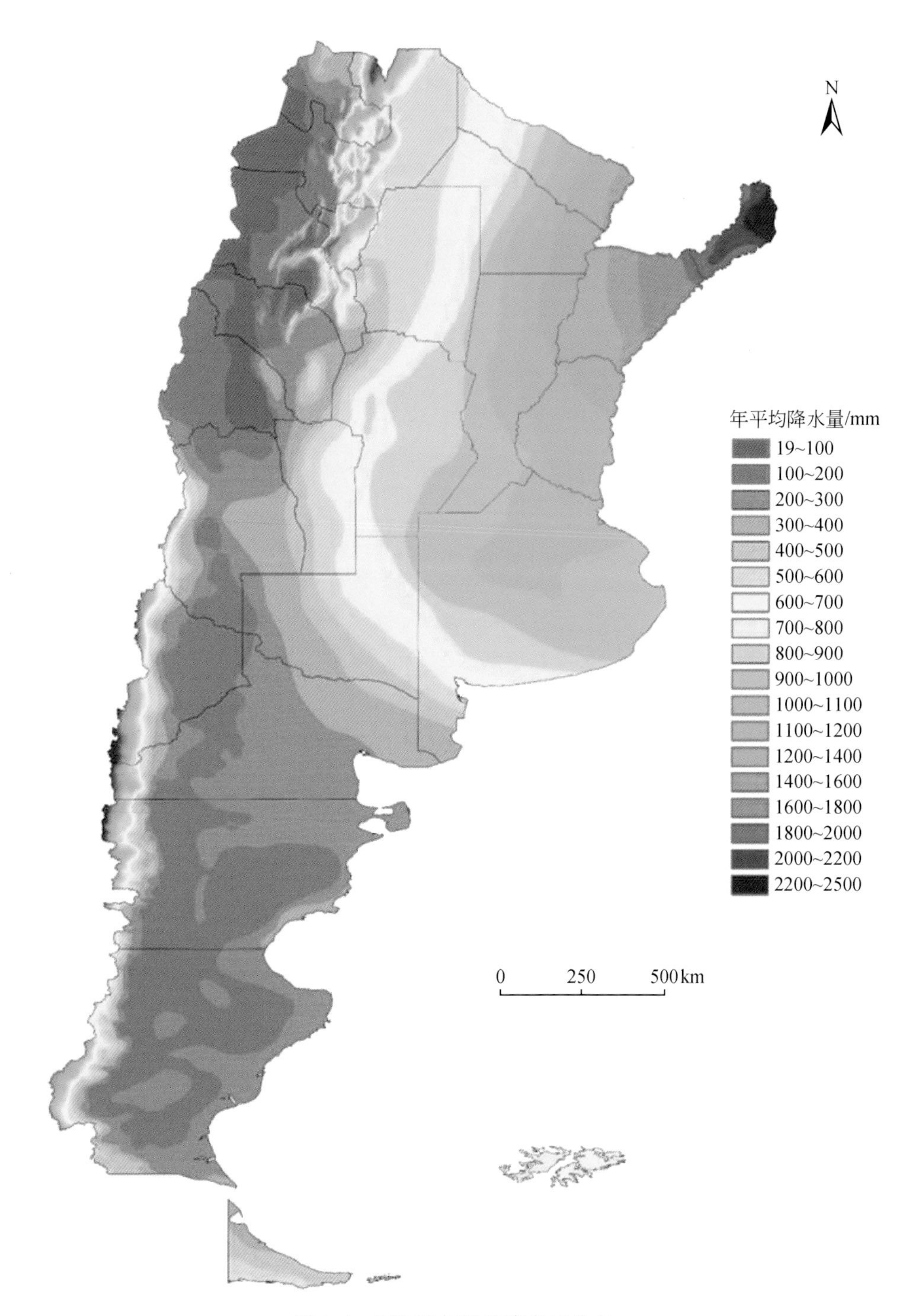

图 1.4　阿根廷年平均降水量分布

引自 INTA 2015 年 12 月提供的阿根廷年平均降水量分布图

图 1.5　阿根廷潘帕斯草原景观

2015 年 12 月，张兴义拍摄

图 1.6　阿根廷潘帕斯草原西部景观

2015 年 12 月，赵军拍摄

的黑土。

潘帕斯草原地区，以阿根廷首都布宜诺斯艾利斯为中心，铁路、公路呈辐射状伸向全国各地，集中了阿根廷全国 2/3 的人口、4/5 的工业生产和 2/3 以上的农业生产。主要以农田和牧场为主，盛产小麦、大豆、玉米、饲料、蔬菜、水果和牛羊，肉牛产量高，是阿根廷最重要的农牧业区，成为世界的粮仓和肉库，并成为阿根廷政治、经济、交通和文化的心脏地区（图 1.7 和图 1.8）。潘帕斯草原气候适宜、土壤肥沃、植被茂盛，已成为世界仅剩的最大的后备耕地区。

图 1.7　阿根廷潘帕斯草原啃食放牧后的草场

2015 年 12 月，由 INTA 提供

图 1.8　阿根廷黑土大豆农田景观

2015 年 12 月，张兴义拍摄

南美黑土区，由于地处亚热带和温带，明显不同于北半球温带的三大片黑土，但半湿润至半干旱气候相近，南美部分黑土呈现棕色，有“红黑土”之称（图 1.9 ~ 图 1. 13 ）。

图 1. 9　阿根廷黑土农田小麦景观及小麦根系

2015 年 12 月，赵军拍摄

图 1. 10　阿根廷潘帕斯黑土土壤剖面

2015 年 12 月，张兴义拍摄

图 1. 11　阿根廷潘帕斯草原植被下的黑土

2015 年 12 月，张兴义拍摄

图 1. 12　阿根廷潘帕斯草原植被下的黑土实物

2015 年 12 月，张兴义拍摄

图 1.13　阿根廷红黑土典型剖面

2015 年 12 月，由 INTA 提供

二、乌拉圭黑土

乌拉圭地处南美洲 30°S ~ 35°S，属于温带亚湿润气候带，全国年平均降水量为 1200mm，南方地区年平均降水量为 1000mm，东北地区年平均降水量为 1500mm，冬季日平均气温为 13℃，夏季日平均气温为 25℃，即冬季较寒冷，但无降雪、土壤无冻融；夏季较炎热，平均每月降水量分布相当均匀，但热季的潜在蒸腾蒸发量较大。由此，秋季、冬季土壤水分相当充足（7 月，60mm），而春季、夏季土壤水分相当亏缺（1 月，100mm）。

乌拉圭总土地面积约为 1600 万 hm^2，其中黑土面积为 1300 万 hm^2，约占总土地面积的 81%，因此，黑土是该国农牧业发展的基石，对促进国民经济和农牧业产品出口起着决定性的作用。2016 年人均国内生产总值为 1.52 万美元，在南美洲独占鳌头。与一般拉丁美洲国家不同的是，乌拉圭基尼系数较小（0.424）。

乌拉圭的自然景观由自然与再生的多年生和一年生顶级 C_3、C_4 草原植被组成。由于气候因素，乌拉圭的多数土地处于永久的自然草原植被状态，并用于草食动物生产，剩余的部分以不同轮作方式种植作物和牧草，作物生产与牧草轮作体系占 20%（图 1.14）。图 1.14 数据由乌拉圭共和国大学提供（2015 年 12 月）。

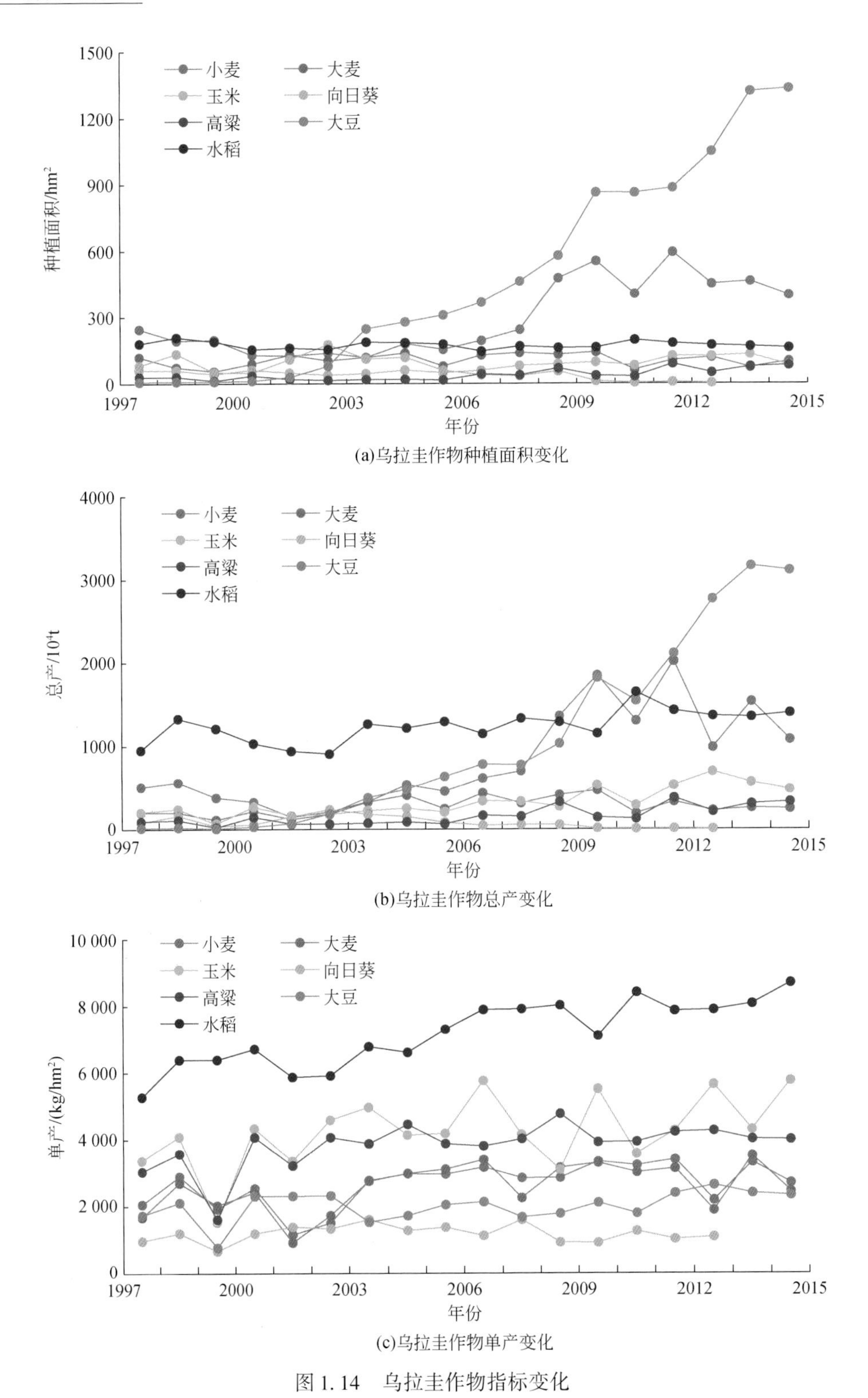

(a)乌拉圭作物种植面积变化

(b)乌拉圭作物总产变化

(c)乌拉圭作物单产变化

图 1.14　乌拉圭作物指标变化

总体上，乌拉圭土壤可分为软土（mollisol）、变性土（vertisol）以及软土和变性土（mollisol-vertisol）（图 1.15 和图 1.16）。整个乌拉圭西半部都分布着黑土，一般 A 层和 B 层[①]两者厚度为 80 ~ 120cm（图 1.17 ~ 图 1.19）。

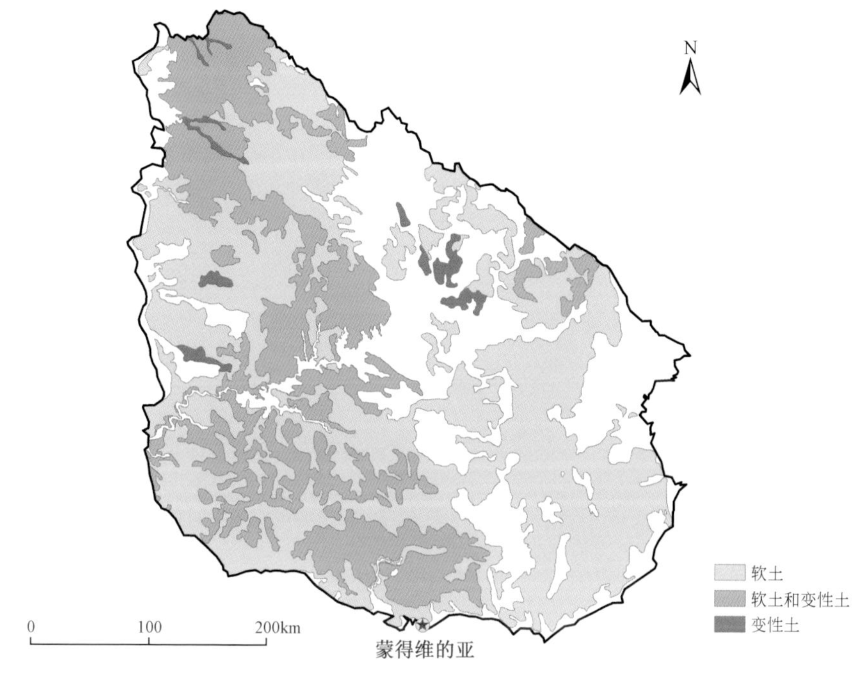

图 1.15　乌拉圭软土分布

本图不作为划界依据，见 Soil Survey Staff（1994），图中包含乌拉圭软土、变性土以及软土和变性土

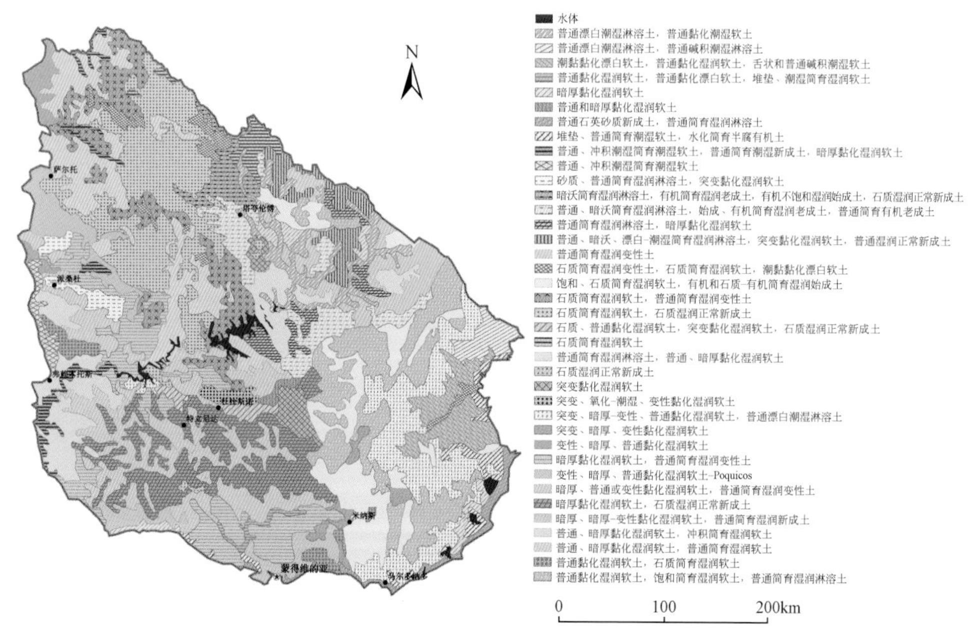

图 1.16　乌拉圭土壤分布

本图不作为划界依据，引自乌拉圭国立大学农学院 2015 年 12 月提供的土壤分布图

① 一般人们将土壤分为三层，即表土层、心土层和底土层，分别用 A、B 和 C 表示。

(a) 乌拉圭自然影观
2015年12月，张兴义拍摄

(b)乌拉圭黑土农田景观
2015年12月，赵军拍摄

图 1.17　乌拉圭景观

图 1.18　土钻采集的乌拉圭自然草地黑土 A 层剖面

2015 年 12 月，赵军拍摄

图 1.19　乌拉圭共和国大学农学院长期定位实验站土壤剖面

2015 年 12 月，赵军拍摄

Diaz-Rosello 指出，与世界其他国家类似，常规耕作作物轮作 28a 后，乌拉圭黑土土壤有机碳损失 25%。尽管如此，乌拉圭的土壤科学家仍认为本国土壤有机碳的含量要比世界同类地区的土壤有机碳含量高。为防止黑土土壤退化，基于农业科技工作者的长期定位试验结果，乌拉圭的种植体系从 20 世纪后半叶开始经历了两个阶段，即从原有作物的长期轮作向常规耕作基础上的一年生作物与牧草轮作过渡和逐步向基于作物-牧草轮作的免耕体系方向过渡（Kravchenko et al.，2012）。

第三节　北美黑土

北美黑土主要分布在美国中部平原、加拿大草原和墨西哥东部半干旱草原（图1.20）。其中,美国黑土面积为2亿hm^2、加拿大黑土面积为4000万hm^2，墨西哥黑土面积为5000万hm^2（Liu et al.，2012）。

美国黑土区位于密西西比河流域的大平原（图1.21和图1.22），向北一直延伸到加拿大（Huffman et al.，2012）。

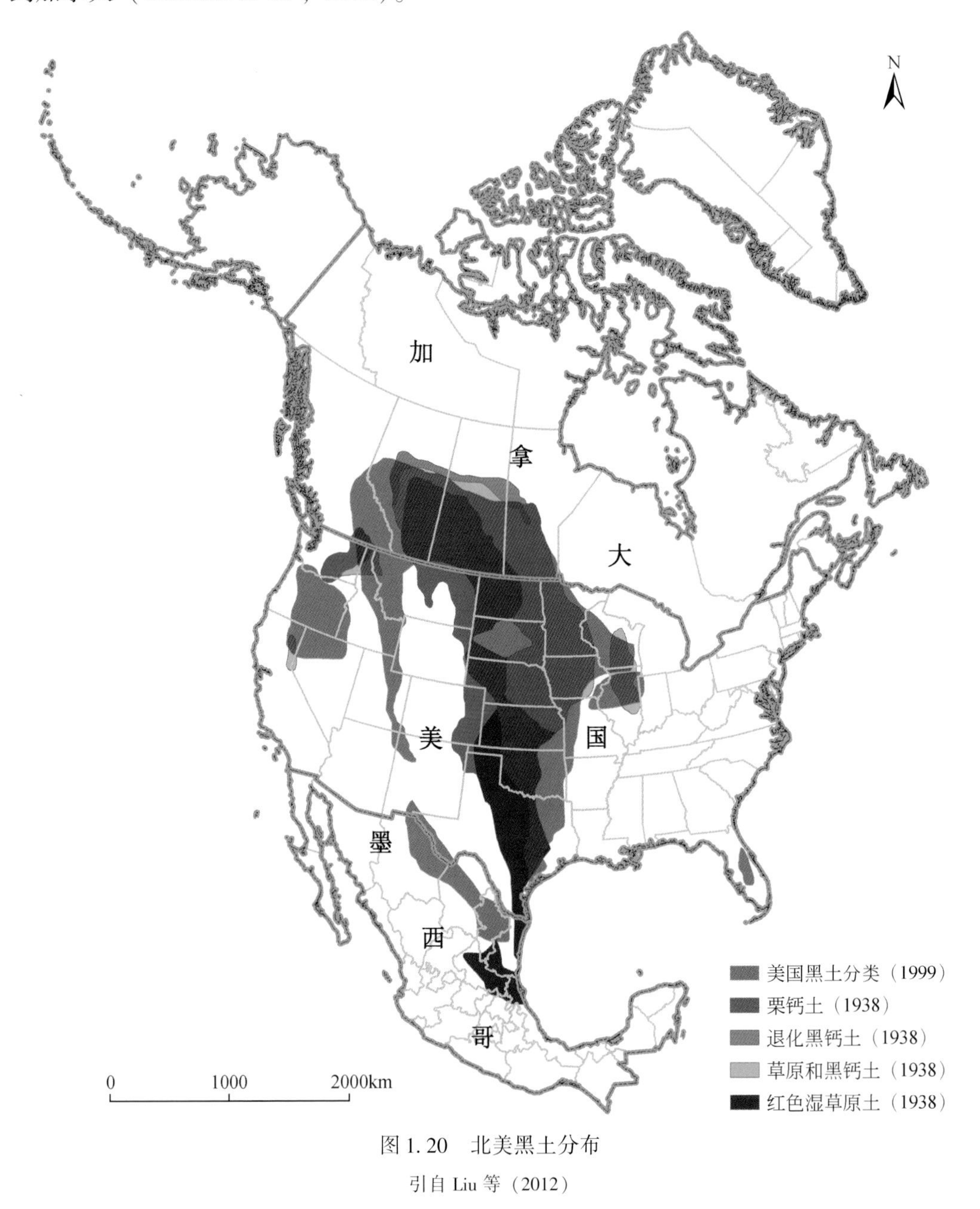

图1.20　北美黑土分布

引自Liu等（2012）

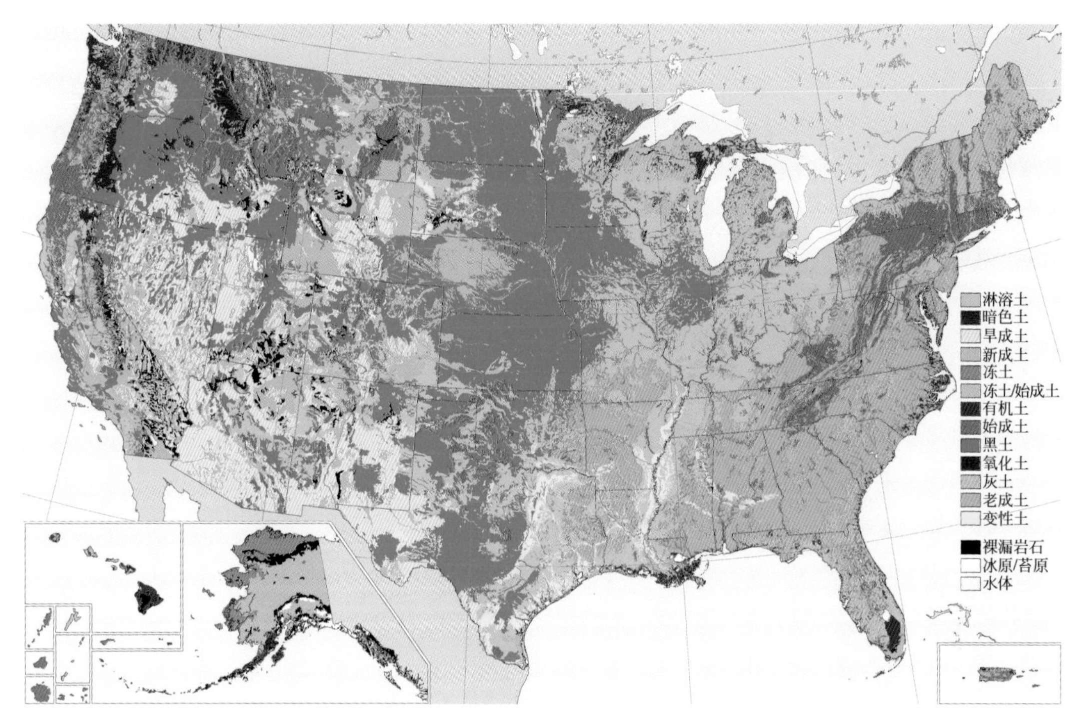

图 1.21　美国土壤主要土纲分布

参照美国农业部（United States Department of Agriculture，USDA）自然资源保护局国家土壤调查中心（http：//www. nrcs. usda. gov/wps/portal/nrcs/detail/soils/survey/class/maps/？cid=nrcs 142P2 053589）

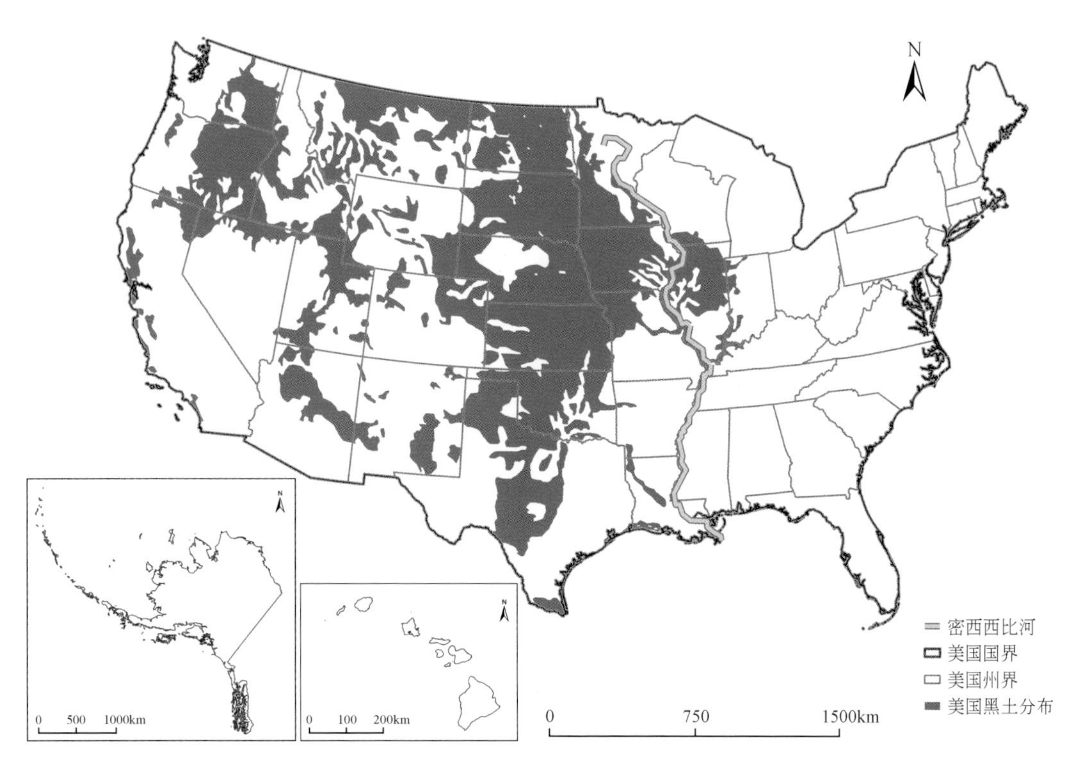

图 1.22　美国黑土分布

本图不作为划界依据。引自美国2006 年 USDA 世界土壤图（http：//www. nrcs. usda. gov）

密西西比河发源于美国西部偏北的落基山北段的群山峻岭之中，迤逦千里，曲折蜿蜒，由北向南纵贯美国大平原，注入墨西哥湾，全长为3950km。

在美国境内，它的基本界限是：西起落基山山麓的海拔1800m一带，东到密西西比河谷地，大约沿着海拔为300m的位置，北到加拿大的萨斯喀彻温河，南到得克萨斯州的南部。

美国学术界对于大平原的东部界线有不同的认识，一般认为在97°W附近。大平原地区气候属于半干旱的大陆性气候，冬冷夏热，地带性植物类型为草原植被。它是相当完整的平原，从西向东缓慢倾斜，人眼几乎感觉不到它的坡度，大约每千米仅下降2m。

北美黑土区是主要农业区，是美国粮食出口的基地，盛产大豆、小麦、玉米。(图1.23～图1.28)。

图1.23　美国黑土农田传统耕作田间播种景观

Ames，Iowa，2003年5月，张兴义拍摄

图 1.24　美国黑土农田免耕播种前景观

2003 年 5 月，张兴义拍摄

图 1.25　美国黑土区大豆田景观

2003 年 6 月，张兴义拍摄

图 1.26　加拿大农业及农业食品部黑土试验田

2009 年 12 月，张兴义拍摄

图 1.27　加拿大黑土农田景观

2009 年 12 月，张兴义拍摄

图 1.28　加拿大黑土剖面（2009 年 12 月，张兴义拍摄）

第四节　俄罗斯和乌克兰黑土

一、俄罗斯黑土

俄罗斯是世界上面积最大，东西距离最长，跨经度最广的国家。

俄罗斯黑土主要分布在 50°N ~ 54°N，由乌克兰西部边境扩展到东部贝加尔湖。2000 年黑土面积约为 1.5 亿 hm^2，占俄罗斯耕地总面积的 52.6%，人均耕地面积达 0.84hm^2，黑土面积的 72% 现已开垦，是世界上拥有黑土面积第二大的国家（图 1.29）。

俄罗斯黑土与中国的黑土不同，其主要是黑钙土（傅子帧，1957；龚子同，2003），黑钙土可分为四类，以普通黑钙土（ordianry chernozem）居多（图 1.30），是俄罗斯的甜菜、谷物、畜牧业生产带。

俄罗斯阿尔泰典型区域间地貌差异很大，有高山、农田、草地、森林、水域和农庄，高山和农田有典型的分界线，自然资源种类齐全（图 1.31，图 1.32）。自然资源储量丰富，是世界上少数几个资源能够自给的大国之一（图 1.33）。

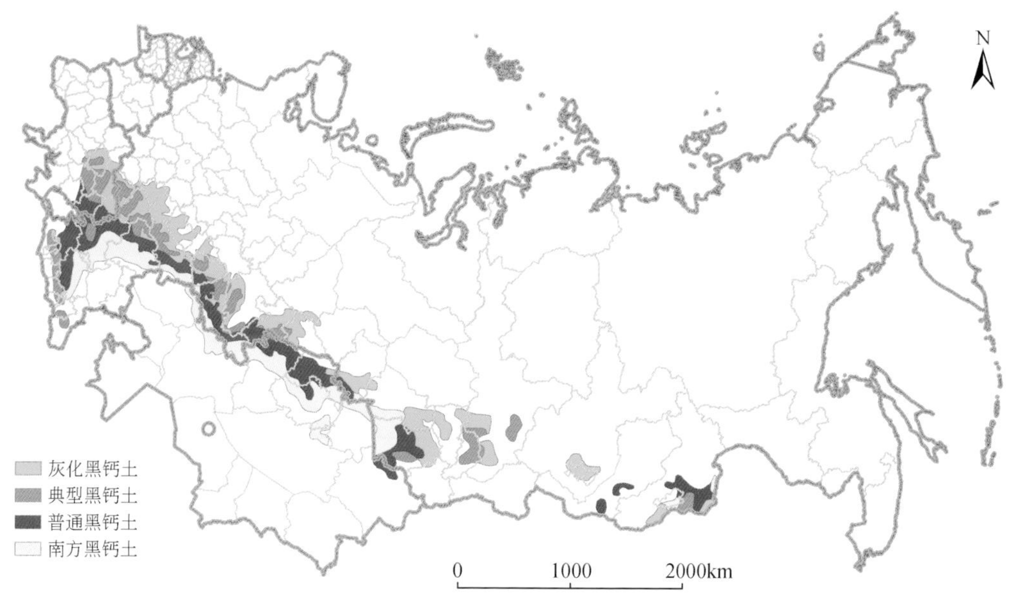

图1.29　俄罗斯及周边国家黑土分布

引自 Soil Survey Staff（1994）

图1.30　俄罗斯阿尔泰地区草地黑土

2012年8月，赵军拍摄

图 1.31 俄罗斯阿尔泰地区生态景观

2012 年 8 月，赵军拍摄

图 1.32 俄罗斯阿尔泰地区草原畜牧业

2012 年 8 月，赵军拍摄

图 1.33　俄罗斯阿尔泰地区农田景观高空俯瞰

2012 年 8 月，赵军拍摄

二、乌克兰黑土

乌克兰拥有欧洲最肥沃的黑土地，黑土耕地面积为 3400 万 hm^2，占全国耕地面积的 62%，约有 78% 的黑土已经开垦，被称为“欧洲粮仓”（Kravchenko et al.，2012）。

乌克兰黑土形成以黄土和黄土状沉积物母质居多，部分形成于石灰石、砂石、板岩淋溶层，主要分布在 44°41′N～51°18′N，东西 1144km 的森林–草原区和草原区（图 1.34）。

乌克兰黑土土壤特性差异较大，土壤质地从北到南依次有轻壤土、中度黏土以及细粉粒，有机质含量从小于 30g/kg 到超过 55g/kg，最高的达到 120g/kg，全氮含量为1.7～3.0g/kg，土壤 pH 为 6.7～8.2（图 1.35～图 1.38）。

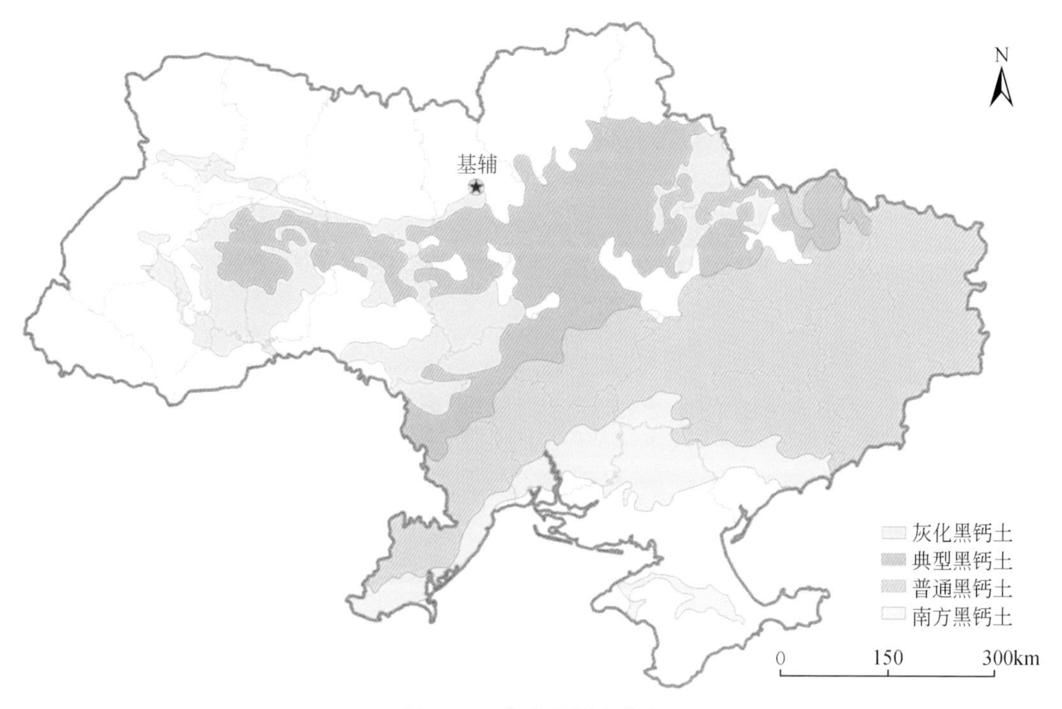

图 1.34　乌克兰黑土分布

引自 Soil Survey Staff（1994）

图 1.35　乌克兰黑土分布图和典型黑土土壤剖面样本

2011 年 10 月，陈渊拍摄

图 1.36　乌克兰土壤剖面样本

2011 年 9 月，陈渊拍摄

图 1.37　乌克兰 Mytnitsa 黑土试验站黑土农田景观

2011 年 9 月，陈渊拍摄

图 1.38　中国科学院东北地理与农业生态研究所科学家现场考察乌克兰黑土

2011 年 9 月，赵军拍摄

第五节　世界土壤参比

土壤类型参比是根据某一类型代表性剖面的土壤形态特征、理化性质及矿物学特征，鉴别其具有的诊断层和/或诊断特性，并通过检索系统，对不同分类系统的类型进行参比。

我国存在两种土壤分类方法并存的情况，而且还有大量的土壤资料和数据是在应用土壤地理发生分类体系下积累起来的。因此，这两个分类系统参比有着重要的意义。但是由于两个系统的依据不同，从严格意义上讲，很难准确地比较，只能做近似的参比。

我国著名土壤学专家，黑龙江八一农垦大学张之一教授对发生土类典型亚类代表性剖面与土壤系统分类进行了参比（张之一，2005，2010a）（表 1.1）。从表 1.1 的土壤参比中，黑土、黑钙土和白浆土基本上对应着中国土壤系统分类的简育湿润均腐土、暗厚干润均腐土和暗沃漂白冷凉淋溶土。中国土壤系统分类高级分类单元包括土纲、土类和亚类，重点是土纲，同时中国土壤发生分类中的高级基本单元是土类，有的不设土纲和亚纲，或只有亚纲，土类是相对稳定的（全国土壤普查办公室，1998）。所以在参比时，数据越多越全，参比越确切。

表 1.1　土类典型亚类代表性剖面与土壤系统分类参比

中国土壤发生分类（1998 年）		中国土壤系统分类检索	中国土壤系统分类
土类	典型亚类	（第三版）（2001 年）	英译名称（2001 年）
风沙土	荒漠风沙土	干旱砂质新成土	aridi-sandic primosols
石灰土	黑色石灰土	黑色岩性均腐土	black-lithomorphic isohumosols
火山灰土	火山灰土	简育湿润火山灰土	hapli-udic andosols
紫色土	石灰性紫色土	石灰紫色湿润雏形土	calcaric purpli-udic cambosols
磷质石灰土	磷质石灰土	磷质钙质湿润雏形土	phosphic carbonati-udic cambosols
石质土	酸性石质土	石质湿润正常新成土	lithic udic-orthic primosols
粗骨土	酸性粗骨土	石质湿润正常新成土	lithic udic-orthic primosols
草甸土	草甸土	普通暗色潮湿雏形土	typic dark-aquic cambosols
潮土	潮土	淡色潮湿雏形土	ochri-aquic cambosols
砂姜黑土	砂姜黑土	砂姜钙积潮湿变性土	shajiang calci-aquic vertosols
林灌草甸土	林灌草甸土	叶垫潮湿雏形土	litteri-aquic cambosols
山地草甸土	山地草甸土	有机滞水常湿雏形土	histic stagni-perudic cambosols
沼泽土	沼泽土	有机正常潜育土	histi-orthic gleyosols
泥炭土	中位泥炭土	正常有机土	orthic histosols
盐土	草甸盐土	普通潮湿正常盐成土	typic aqui-orthic halosols
滨海盐土	滨海盐土	海积潮湿正常盐成土	marinic aqui-orthic halosols
酸性硫酸盐土	酸性硫酸盐土	含硫潮湿正常盐成土	sulfic aqui-orthic halosols
漠境盐土	漠境盐土	石膏干旱正常盐成土	gypsic aridi-orthic halosols
寒原盐土	寒原盐土	潮湿寒冻雏形土	aqui-gelic cambosols
碱土	草甸碱土	潮湿碱积盐成土	aqui-alkalic halosols
水稻土	潴育水稻土	铁聚水耕人为土	Fe-accumuli-stagnic anthrosols
灌淤土	灌淤土	普通灌淤旱耕人为土	typic siltigi-orthic anthrosols
灌漠土	灌漠土	灌淤干润雏形土	siltigi-ustic cambosols
草毡土	草毡土	草毡寒冻雏形土	matti-gelic cambosols
黑毡土	黑毡土	草毡寒冻雏形土	matti-gelic cambosols
寒钙土	寒钙土	钙积简育寒冻雏形土	calcic hapli-gelic cambosols
冷钙土	冷钙土	寒性干润均腐土	cryi-ustic isohumosols

续表

中国土壤发生分类（1998年）		中国土壤系统分类检索（第三版）（2001年）	中国土壤系统分类英译名称（2001年）
土类	典型亚类		
冷棕钙土	冷棕钙土	钙积冷凉干润雏形土	calcic bori-ustic cambosols
砖红壤	砖红壤	暗红湿润铁铝土	rhodi-udic ferralosols
赤红壤	赤红壤	简育湿润铁铝土	hapli-udic ferralosols
红壤	红壤	黏化湿润富铁土	argi-udic ferrosols
黄壤	黄壤	铝质常湿淋溶土	ali-perudic argosols
黄棕壤	黄棕壤	铁质湿润淋溶土	ferri-udic argosols
黄褐土	黄褐土	铁质湿润淋溶土	ferri-udic argosols
棕壤	棕壤	简育湿润淋溶土	hapli-udic argosols
暗棕壤	暗棕壤	暗沃冷凉湿润雏形土	mollic bori-udic cambosols
白浆土	白浆土	暗沃漂白冷凉淋溶土	mollic albi-boric argosols
棕色针叶林土	棕色针叶林土	暗瘠寒冻雏形土	umbri-gelic cambosols
漂灰土	漂灰土	漂白暗瘠寒冻雏形土	albic umbri-gelic cambosols
灰化土	灰化土	寒冻简育正常灰土	gelic hapli-orthic spodosols
燥红土	燥红土	简育干润富铁土	hapli-ustic ferrosols
褐土	褐土	简育干润淋溶土	hapli-ustic argosols
灰褐土	灰褐土	简育干润淋溶土	hapli-ustic argosols
黑土	黑土	简育湿润均腐土	hapli-udic isohumosols
灰色森林土	灰色森林土	黏化简育干润均腐土	argic hapli-ustic isohumosols
黑钙土	黑钙土	暗厚干润均腐土	pachi-ustic isohumosols
栗钙土	栗钙土	黏化钙积干润均腐土	argic calci-ustic isohumosols
栗褐土	栗褐土	简育干润雏形土	hapli-ustic cambosols
黑垆土	黑垆土	堆垫干润均腐土	cumuli-ustic isohumosols
棕钙土	棕钙土	钙积正常干旱土	calci-orthic aridosols
灰钙土	灰钙土	钙积正常干旱土	calci-orthic aridosols
灰漠土	灰漠土	钙积正常干旱土	calci-orthic aridosols
灰棕漠土	灰棕漠土	钙积正常干旱土	calci-orthic aridosols
棕漠土	棕漠土	钙积正常干旱土	calci-orthic aridosols
黄绵土	黄绵土	黄土正常新成土	loessi-orthic primosols
红黏土	红黏土	饱和红色正常新成土	eutric rougi-orthic primosols
新积土	新积土	正常新成土	orthic primosols
龟裂土	龟裂土	龟裂简育正常干旱土	takyric hapli-orthic aridosols
寒漠土	寒漠土	简育寒冻雏形土	hapli-gelic cambosols
冷漠土	冷漠土	钙积寒性干旱土	calci-cryic aridosols
寒冻土	寒冻土	永冻寒冻雏形土	permi-gelic cambosols

注：表中发生分类参考《中国土壤》（全国土壤普查办公室，1998）

在此基础上，将中国土壤系统分类和美国土壤系统分类或 WRB 的土壤单元的确定进行参比（Soil Survey Staff，1994，1999；张之一，2010a）。因为这两种分类土壤单元的确定都是以其具有的诊断层和/或诊断特性为根据，同时它们大部分的诊断层和/或诊断特性的定量标准基本相同，因此，它们之间可以直接根据其具有的诊断层和/或诊断特性进行定量的近似参比。

而我国的土壤发生分类，因其类型间缺少特性方面的定量限定，很难与国际上土壤系统分类的类型进行直接参比，若要参比也只能根据类型的代表性土壤剖面的资料近似地参比（表 1.2）。从表 1.2 中我们可以看到，均腐土对应着美国土壤系统分类中的 Mollisols，对应着 WRB 中的 Chernozems 或 Phaeozems 等（Spaargaren，1994），诊断层和/或诊断特性为：①暗沃表层；②均腐殖质特性；③矿质土表下 180cm 深内盐基饱和度≥50%。淋溶土对应着美国土壤系统分类中的 Alfisols 或 Ultisols，对应着 WRB 中的 Planosols 等。

表 1.2　中国土壤系统分类土纲与美国土壤系统分类和 WRB 中的近似归属

土壤类型	主要诊断层和/或诊断特性	在美国土壤系统分类中的近似类型	在 WRB 中的近似单元
有机土	有机土壤物质	Histosols 或 Gelisols	Histosols
人为土	水耕表层和水耕氧化还原层，或肥熟表层和磷质耕作垫积层，或灌淤表层或堆垫表层	据其具有的诊断层和/或诊断特性（按美国土壤系统分类）分别归属下列各个土纲：Andisols 或 Oxisols 或 Vertisols 或 Ultisols 或 Mollisols 或 Alfisols 或 Inceptisols	Anthrosols
水耕人为土（亚纲）	人为土中有人为滞水水分状况，水耕表层，水耕氧化还原层	一些土纲的“Aqu-”亚纲，或一些亚纲中部分土类的“Aquic”亚类，或一些土类的“Anthraquic”亚类	Anthrosols 中 Hydragric 亚单元
旱耕人为土（亚纲）	人为土中有肥熟表层和磷质耕作淀积层，或灌淤表层，或堆垫表层	据其具有的诊断层和/或诊断特性（按美国土壤系统分类）分别归属下列各个亚纲：Cryands 或 Vitrands 或 Udands 或 Udox 或 Humults 或 Udults 或 Ustults 或 Rendolls 或 Cryolls 或 Ustolls 或 Udolls 或 Cryalf 或 Ustalfs 或 Udalfs 或 Anthrepts 或 Cryepts 或 Ustepts 或 Udepts	据其具有的诊断层和/或诊断特性（WRB）分别归属于 Anthrosols 中 Hortic 或 Irragric Terric 单元
灰土	矿质土表下 100cm 内灰化淀积层	Spodosols	Podzols
火山灰土	矿质土表下 60cm 内火山灰特性	Andisols	Andosols
铁铝土	矿质土表下 1.5m 内铁铝层	Oxisols	Ferralsols 或 Plinthosols
变性土	矿质土表下 100cm 内变性特征及 50cm 内无石质接触或准石质接触	Vertisols	Vertisols

续表

土壤类型	主要诊断层和/或诊断特性	在美国土壤系统分类中的近似类型	在 WRB 中的近似单元
干旱土	①干旱表层；②矿质土表下100cm深内至少有下列的一个诊断层：盐积层、超盐积层、盐磐、石膏层、超石膏层、钙积层、超钙积层、钙磐、黏化层和雏形层	Aridisols	据其具有的诊断层和/或诊断特性（WRB）分别归属于Calcisols 或 Solonchaks 或 Gypsisols 或 Luvisols 或 Cambosols 或 Leptosols
盐成土	矿质土表下75cm深内碱积层，或矿质土表下30cm深内盐积层	据其具有的诊断层和/或诊断特性（按美国土壤系统分类）分别归属下列土纲：Aridisols 或 Mollisols 或 Alfisols 或 Inceptisols	Solonchaks 或 Solonetz
潜育土	矿质土表下50cm内至少一个土层有潜育特征	Inceptisols 或 Entisols 或 Gelisols	Gleysols 或 Cryosols 或 Leptosols
均腐土	①暗沃表层；②均腐殖质特性；③矿质土表下180cm深内盐基饱和度≥50%	Mollisols	Chernozems 或 Kastanozems 或 Phaeozems 或 Leptosols
富铁土	矿质土表下125cm深内有低活性富铁层，且无冲积物岩性特征	据其具有的诊断层和/或诊断特性（按美国土壤系统分类）分别归属下列土纲：Ultisols 或 Alfisols 或 Inceptisols	Acrisols 或 Lixisols 或 Cambisols 或 Plinthosols
淋溶土	矿质土表下125cm深内有黏化层或部分淀积黏粒胶膜厚度≥5mm的黏磐	Alfisols 或 Ultisols	Planosols 或 Albeluvisols 或 Alisols 或 Luvisols
雏形土	雏形层或矿质土表下100cm深内有漂白层或钙积层，或矿质土表下20~50cm至少一个土层的 n 值<0.7或黏粒含量<80g/kg，并有有机表层或暗沃表层或暗瘠表层，或永冻层和正常年份一年中至少一个月在矿质土表下50cm深内有滞水土壤水分状况	据其具有的诊断层和/或诊断特性（按美国土壤系统分类）分别归属下列土纲：Inceptisols 或 Gelisols 或 Mollisols	据其具有的诊断层和/或诊断特性（WRB）分别归属于Cambisols 或 Umbrisols 或 Calcisols 或 Gypsisols 或 Cryosols
新成土	不具有鉴别上述各个土纲所需要的诊断层和/或诊断特性，但有淡薄表层	Entisols	据其具有的诊断层和/或诊断特性（WRB）分别归属于Regosols 或 Arenosols 或 Fluvisols 或 Leptosols 或 Cryosols

资料来源：张之一（2005）

第二章　中国黑土

第一节　中国黑土定义及剖面特征

中国黑土主要是借鉴苏联土壤分类系统，由原中国科学院林业土壤研究所（现为中国科学院沈阳应用生态研究所）宋达泉先生在全国第一次土壤普查中提出并命名的（龚子同，2012）。

在俄罗斯，农民把黑土叫 Чёрная Земеля，按字义是黑色的土地，就是黑土的意思。1877～1881 年俄国地质学家 В. В. 道库查耶夫对俄国的草原地带进行了调查，于 1883 年发表了《俄国的黑土》，把 Чёрная Земеля 两个字的前两个字节结合起来创建 Чернозем 这个黑土的专有名词，在世界广为流传（傅子帧，1957），音译成英文就是 chernozem。在译成中文时，早期也是音译，叫“齐奴松”，在我国民国时期的刊物上出现过，但很快就译成黑钙土，俄文的原意没有钙的意思。中华人民共和国成立后出版翻译的外文土壤学教科书，如威林斯基的《土壤学》、罗杰的《土壤学》等都按原意译为黑土，但在我国土壤学界一直译为黑钙土（张之一，2005）。

1953 年宋达泉先生首先提出黑土和黑钙土不同，而相似于美国的湿草原土（prairie soil），命名为草原土。1956 年，中国和苏联科技工作者共同考察黑龙江流域时，苏联土壤学家 В. А. 柯达夫也认为黑土和黑钙土不同，自然植被是湿草原，土壤草甸化过程明显，应属于草甸土类，因其具有黑土的某些特征，所以命名为黑土型草甸土（柯夫达，1960）。1957 年在我国黑龙江流域调查总结报告中，宋达泉先生提出按农民群众的黑土命名这类土壤，就是土壤发生分类中分出黑土的起因。从此中国土壤分类中就出现了黑土和黑钙土并列的两类土壤（表 2.1），但在国际上并未被认可（张之一，2005）。

表 2.1　黑土和黑钙土主要差异

指标	黑土	黑钙土
植被	湿草原（草原化草甸）	草原
地下水位/m	3～5	7～10

续表

指标	黑土	黑钙土
表层容重/(g/cm^3)	0.8～1.2	1.3～1.5
新生体	有铁锰结核和次生 SiO_2 粉末	无
碳酸盐	无或聚集很少	母质和土体中含碳酸盐
土壤胶体状态	溶胶	凝聚
表层腐殖质含量	很高，有时有炭化	较低，不产生炭化

资料来源：张之一（2005）

1958～1959 年全国第一次土壤普查时，总结农民群众认土、用土和改土经验，提出的口号是“土洋结合，以土为主”，具体操作是每到一个农村，召开老农座谈会，并到田间逐块地让农民群众说叫什么土、有什么“脾气禀性”、适种作物、如何改良等，并采纸盒标本。农民群众认为凡有一犁深的黑土层，都叫黑土，一犁深是多少，没有明确的量化指标，依据国有农场标准化作业中要求耕层厚度是 18cm，国有农场是机械化作业，而农民用的是畜力弯沟犁，耕作深度达不到 18cm，约为 15cm，所说的一犁深是个模糊的指标（张之一，2010b）；还有土壤的颜色达到什么程度算黑，也不明确，故不能用全国第一次土壤普查的黑土面积作为科学依据。有一犁深的黑土耕层都叫黑土，这就出现了大量的同名异土，就是在一个村子里所叫的黑土也不完全相同，最终通过评土比土，依据耕层的颜色、结构、质地、新生体和底土性质等划分出 17 种黑土（张之一，2005）。

20 世纪七八十年代所进行的全国第二次土壤普查，是由科技人员按照国家统一要求的方法进行的，所用的土壤分类，就是发生学分类，其中黑土，以往曾认为是黑钙土壤的一个亚类，称为退化黑钙土、变质黑钙土或淋溶黑钙土等（中国科学院林业土壤研究所，1980；何万云等，1992）。

IUSS、ISRIC 和 FAO 制订的 WRB，分出黑钙土（chernozem）和黑土（phaoezem），其中 phaoezem 一词，是取自希腊文 phaios（暗黑）和俄文 zemlja（土地）。因其土壤名称大部分用了发生分类的方法，但却采取了诊断分类的方法，所说的黑土，不同于上述任何一个黑土，大致相当于俄国土壤分类的草甸土和中国土壤发生分类的黑土和草甸土（Spaargaren，1994）。

由上可知，四个黑土中文译名都是黑土，但其中心概念却完全不同，因此面积相差很大，现以黑龙江为例，说明其所占面积（张之一，2010a）（表 2.2）。

表 2.2　黑土面积对比　（单位：万 hm^2）

名称来源	英文名称	面积	备注
俄罗斯	chernozem	15.89	1980 年普查
中国第一次土壤普查	black soil	697.02	1959 年普查

续表

名称来源	英文名称	面积	备注
中国第二次土壤普查	black soil	482.47	1980 年普查
WRB	phaeozem	1393.63	依据土种面积计算

资料来源：张之一（2010）

关于美国土壤系统分类中的 Mollisols 翻译成中文是软土，依据是 Mollisols 的诊断层 mollic epipedon 中 mollic 有松软的意思，所以译为松软表层，因而把 mollisol 译为软土。在中国土壤系统分类中引进了美国的 mollic epipedon，但却改称暗沃表层，因此 mollisol 译为暗沃土比较适当（张之一，2011）。

暗沃土是美国土壤系统分类中的一个土纲，是一类肥沃的土壤，是广义的黑土。暗沃土定义为：有一个通常厚度不小于 25cm 的暗沃表层，该暗沃表层有机质含量≥1%（有机碳≥0.6%），盐基饱和度（NH_4OAc 法）≥50%，润态的明度和彩度均≤3。

暗沃土相当于黑钙土和黑土。世界四大片黑土区之一的中国黑土，主要是指我国东北地区，包括黑龙江、吉林、辽宁三省和内蒙古的东四盟，位于 115°31′E～135°05′E，38°43′N～53°33′N，南北长达 1600 余千米，东西宽 1400 余千米，黑土总面积约为 123.6 万 km^2。

全国第二次土壤普查应用的土壤分类（龚子同等，2007），是土壤地理发生分类，它和美国的土壤系统分类是完全不同的分类体系。我国东北土壤地理发生分类所分出的黑土、黑钙土、栗钙土、白浆土、草甸土、草甸沼泽土、灰黑土、草甸暗棕壤 8 个土类中都能检索出暗沃土，利用土壤普查工作中所采集的土壤剖面资料，按照美国土壤系统分类中用于暗沃土的诊断层和/或诊断特性进行检索，得出各土类符合暗沃土的剖面所占的比例，计算出来的东北地区共有暗沃土面积为 347 510km^2（张之一，2011）。

在中国出版的文献中所提到的黑土虽然名称一样，但不同的来源其中心概念和边界定义并不相同，这样就出现了同名异土，以致引起一些误解，如把全国第一次土壤普查与全国第二次土壤普查的耕地面积进行对比，得出黑土耕地面积减少了近一半的结论。实际上两次普查对黑土的界定是不同的，是没有可比性的（刘春梅和张之一，2007）。

综上所述，我国黑土区主要分布于东北四省（自治区），其面积有三种表述。

1）我国土壤地理发生学分类：约为 7 万 km^2。

2）参照美国土壤系统分类的暗沃土：约为 35 万 km^2。

3）黑土分布行政区域（广义的黑土地）：约为 103 万 km^2。

黑土分层明显，土壤剖面由表层至下，总体可分为黑土层（A 层）、淋溶过渡层（AB 层和 BC 层）、母质层（C 层）。图 2.1 是东北典型黑土带中部的中国科学院海伦农业生态实验站试验田的一个 2m 深土壤剖面，表 2.3 是剖面各层次详细描述。

图 2.1　典型黑土剖面

黑龙江海伦西郊，2008 年 8 月，张兴义拍摄

表 2.3 剖面描述

土层	深度/cm	描述
Ap11	0~16	湿态黑色 10YR2/1*，大块状结构，极紧实，黏壤质，植物根少，层次过渡较明显整齐
Ap12	16~25	湿态黑色 10YR2/1*，团块状结构，稍紧实，黏壤质，少量根，层次过渡较明显整齐
Ah1	25~40	湿态黑褐色 10YR3/2*，粒状结构，稍紧实，少量根，有少量 SiO_2 粉末，层次逐渐过渡
Ah2	40~71	湿态黑褐色 10YR3/2*，粒状，较疏松，少量细根，有较多的 SiO_2 粉末（湿态灰白色 7.5YR8/1*），黏壤质，层次逐渐过渡
AB	71~103	湿态暗褐色 10YR3/4*，核状和粒状结构，紧实，壤黏质，有个别细根，少量锈斑和锰斑，层次逐渐过渡
BC	103~170	湿态暗黄褐色 10YR5/4*，不明显的核状结构，紧实，壤黏质，无根，锰斑较上层多，层次逐渐过渡
C	>170	湿态黄褐色 10YR5/6*，块状，极紧实，黏土

*指专业土壤诊断代码

从表 2.3 可见，剖面有两个耕作层，Ap11 和 Ap12，其中 Ap11，由于湿耕，原有结构已被破坏，呈大块状结构（坷垃），极紧实，植物根少；两个腐殖质层 Ah1 和 Ah2 的区别主要在新生体 SiO_2 粉末的多少和松紧度上；剖面下部有少量锈纹锈斑，以深颜色的锰斑居多。由此可以看出，这个土壤草甸化作用较强，20 世纪 50 年代苏联专家曾称为草甸黑土型土壤或黑土型草甸土。

该土壤潜在肥力很高，但土质黏重，又加地形平坦，内排水不良，湿耕易造成结构破坏，应注意物理性质的改良（表 2.4~表 2.6）。其命名因属不同分类系统而已。土壤发生分类，即黑土型草甸土、草甸黑土；美国土壤系统分类，即潮湿弱发育冷凉软土（aquic haploborolls）；WRB，即正常湿草原土（haplic phaeozems）；中国土壤系统分类，即暗厚滞水湿润暗沃土（pachic stagnic udic mollosols）；俄罗斯（苏联），即黑土型草甸土（чернозёмвидная лугвая почва）（张之一，2011）。

表 2.4 剖面土壤有机质和全氮含量（黑龙江海伦西郊）

土层	深度/cm	有机质含量/(g/kg)	全氮含量/(g/kg)
Ap11	0~16	52	2.1
Ap12	16~25	48	2.0
Ah1	25~40	47	2.0
Ah2	40~71	27	1.0
AB	71~103	19	0.7
BC	103~170	13	0.4
C	>170	8.0	0.2

表 2.5 剖面土壤容重（黑龙江海伦西郊）

深度/cm	容重/(g/cm^3)
0~10	1.04
10~20	1.39
20~30	1.26
30~40	1.34
60~70	1.35
90~100	1.35
140~150	1.48
190~200	1.58

表 2.6 剖面土壤水热性状（黑龙江海伦西郊，2008 年 8 月）

深度/cm	容积含水量/%	土壤温度/℃
5	15.4	19.1
10	24.8	19.2
15	25.5	19.8
20	24.7	19.8
30	25.6	19.8
40	26.3	19.6
50	27.4	19.6
60	29.8	13.6
70	30.1	12.6
80	30.7	12.0
90	31.6	11.6
100	31.6	10.7
120	32.5	9.8
140	32.9	8.3
160	35.1	8.0
180	35.8	7.6
200	36.4	6.1

资料来源：科研数据由张兴义提供，尚未发表

第二节　中国黑土分布

依据我国地理发生学分类，黑土在我国很多区域星点分布，但连片分布主要在我国黑龙江、内蒙古呼伦贝尔和吉林等地区（图 2. 2 ~ 图 2. 4），分别占东北黑土面积的 54. 5%、22. 5% 和 19. 0%，是我国重要的商品粮基地。该区域粮食产量和商品数量多，分别占东北粮食总产量和商品总数量的 44. 4% 和 83%，其中玉米产量和玉米出口量分别占全国的 1/3 和 1/2。

中国黑土除在东北成片分布外，在我国其他区域还零散分布，如甘肃有 3302km² 的黑土分布，河北有 15. 3km² 的黑土分布，图 2. 5 为云南大理海拔为 2000m 的一小块黑土。

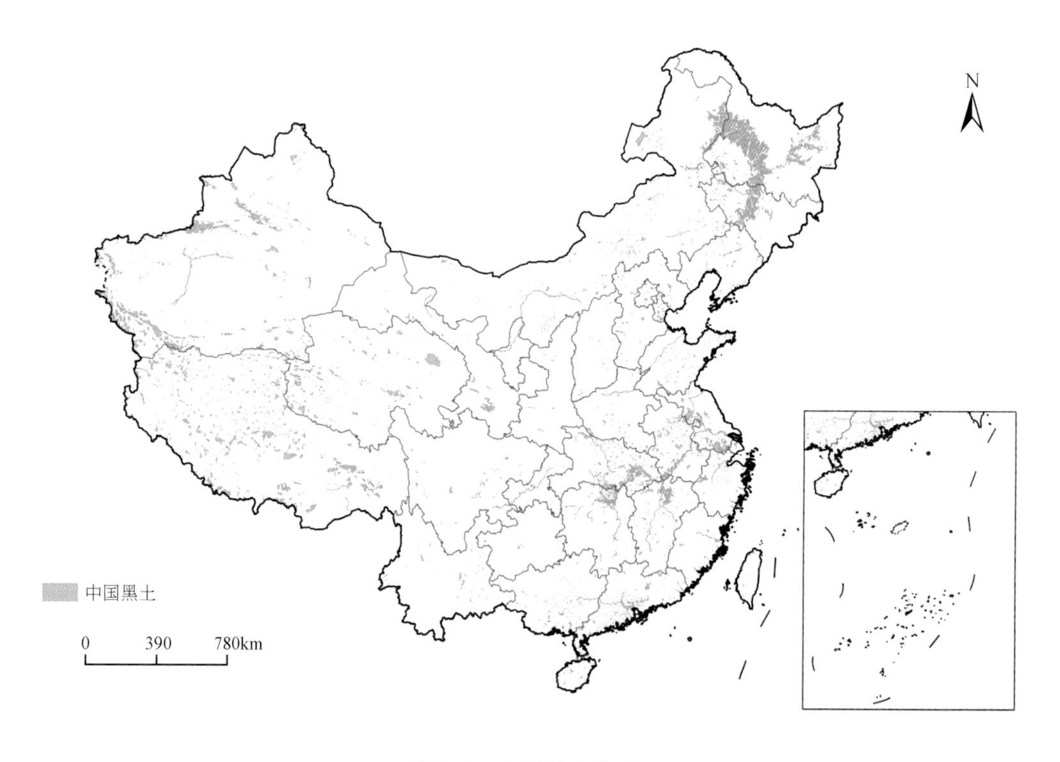

图 2. 2　中国黑土分布

引自全国土壤普查办公室 1995 年编制的《1∶1 000 000 中华人民共和国土壤图》。灰色条带部分为我国东北著名的黑土带

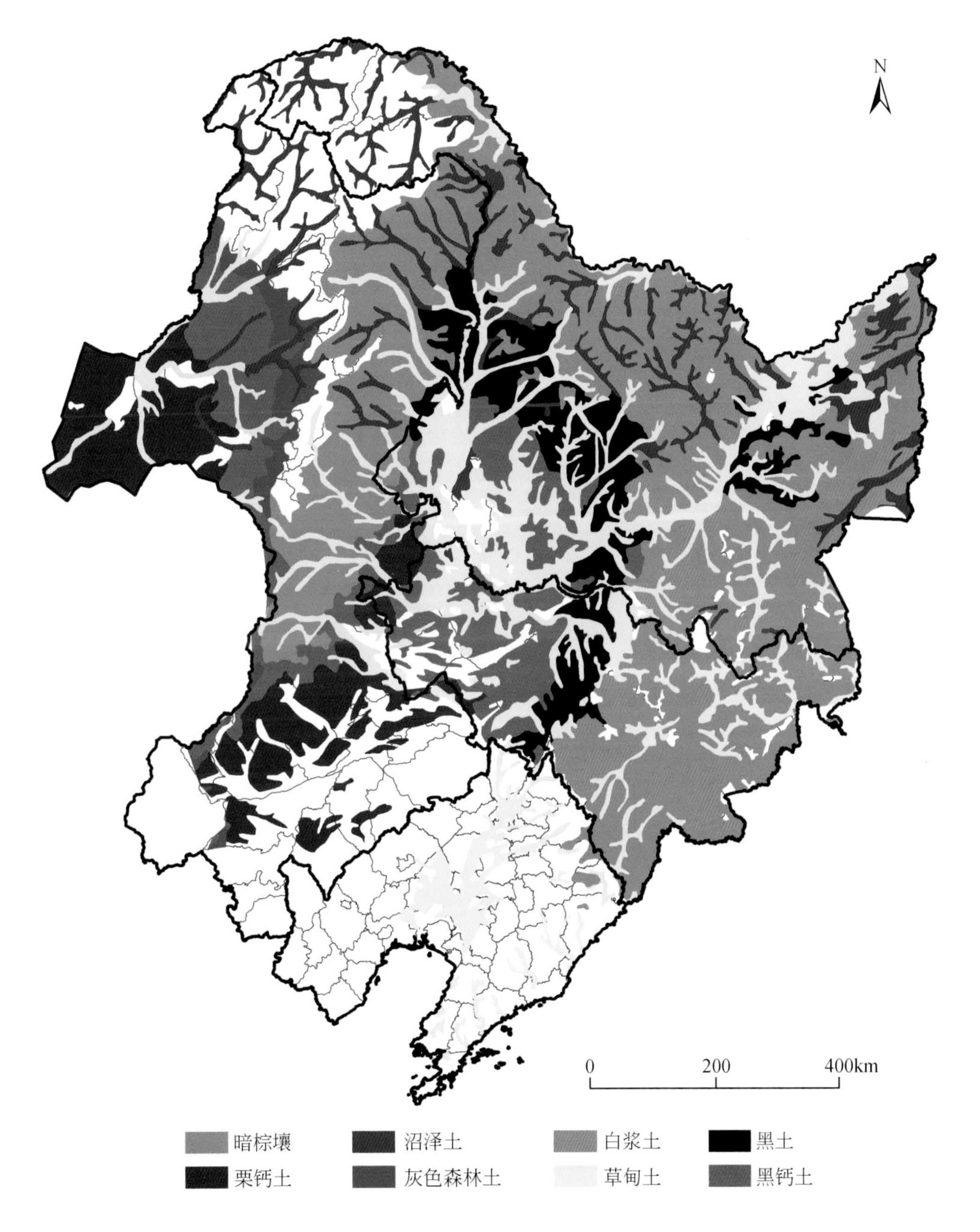

图 2.3 20 世纪 80 年代中国东北黑土区域分布

引自《中国东北土壤》，中国科学院林业土壤研究所 1980 年编著。按照土壤地理发生分类查出的具有暗沃土分布的八大类土壤（黑土、黑钙土、暗棕壤等）处理绘制

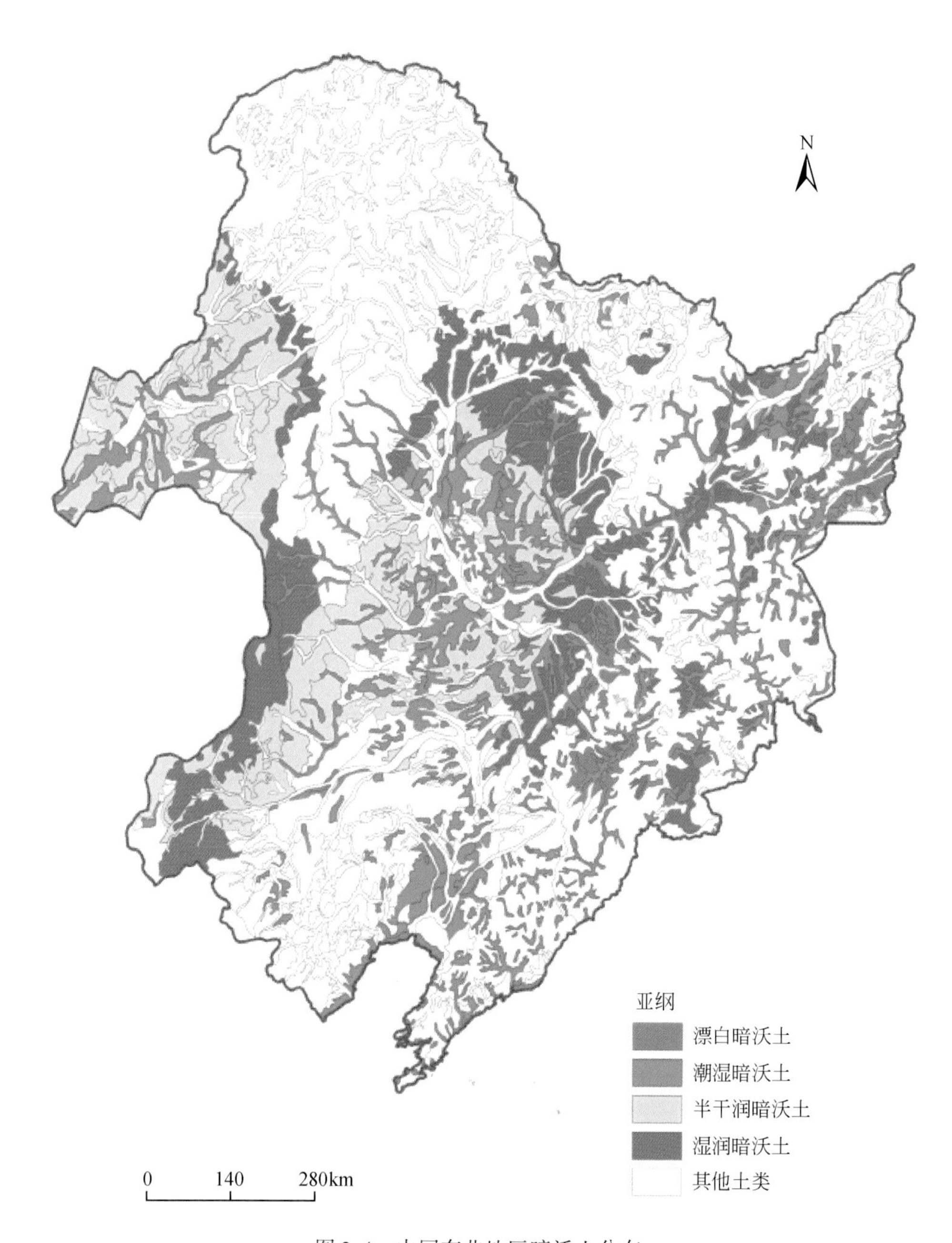

图 2.4　中国东北地区暗沃土分布

按照美国土壤系统分类 Mollisols 对应的中国土壤发生分类的暗沃土（黑土）分布示意图，由黑龙江八一农垦大学土壤专家张之一教授指导绘制

图 2.5　云南大理零星分布的黑土

2017 年 11 月，张兴义拍摄

第三节　中国黑土成土因子

黑土是地带性土壤，由五大自然成土因素，即气候、成土母质、地形、水文和植被因素长期相互作用而形成，带有明显的主导成土因素的物理、化学和生物学特性。总体而言，黑土是在气候比较湿润，冬季寒冷，夏季雨热同季，成土母质黏粒含量较高、地下水深、草原化草甸植被下经过上百万年形成的。

一、气候

东北黑土区属温带大陆性季风气候，年平均气温为-7 ~ 11℃，≥10℃有效活动积温为 1500 ~ 3800℃。冬季寒冷漫长，一般长达 5 ~ 6 个月，1 月平均最低气温在-20℃以下，为我国最寒冷的区域（图 2.6）；春季多风，且干燥少雨，尤其是西部地区，“十年九春旱”；夏季高温多雨，雨热同季，利于植物生长，7 月平均气温为 18 ~ 20℃，多年平均降水量为 350 ~ 1000mm，呈单峰降水，分布不均，东部和南部多，西部少，东南部山区年降水量在 1000mm 以上，西部只有 300 多毫米。

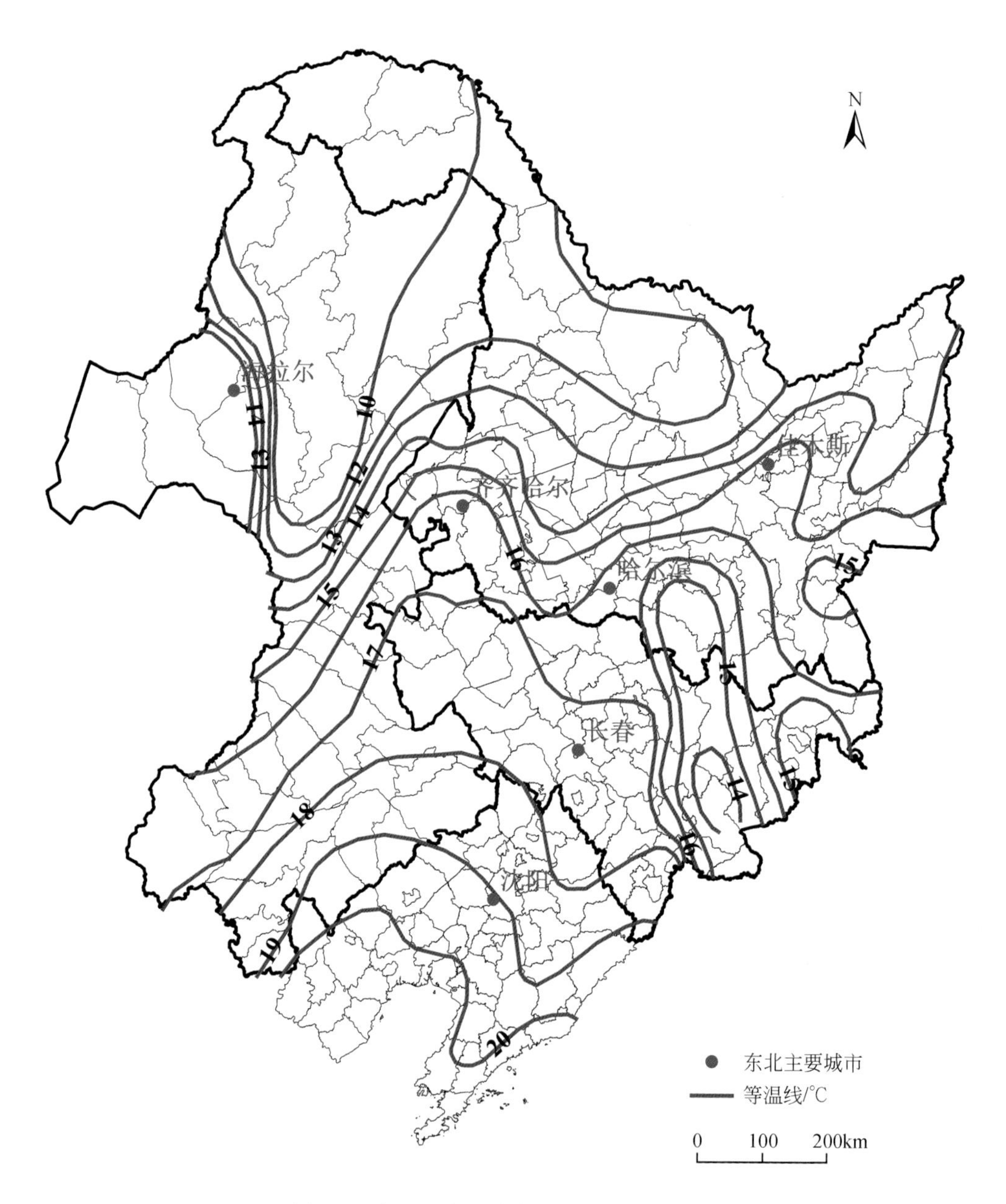

图 2.6　东北区域温暖季节土壤温度等温线

引自《中国东北土壤》，中国科学院林业土壤研究所 1980 年编著

图2.6表明了东北区域各气象站在5～10月土壤表层20cm处所观测的土壤温度。该土壤温度等温线显示10℃的等温线大致位于北部棕色针叶林土的周围。10～16℃的等温线大致涵盖了东北部暗棕壤森林土及白浆土的分布区。而在12～18℃的等温线大致位于松嫩平原中部，表现为低谷是黑土集中分布区。14～17℃的等温线相当于草原地带栗钙土分布区的南北界线。18℃的等温线可作为棕色森林土及褐色土分布区的北限。综上所述，可以分为：①冷凉型，土壤年平均温度在0℃以下，土壤温度全年处于0℃以上的仅有5个月，暖季土壤的月平均温度小于14℃，生长季节内的土壤积温为1500～2000℃，土壤类型大致有棕色针叶林土、灰色森林土、草甸沼泽土。②温凉型，0～5℃，土壤温度全年0℃以上的约有6个月，暖季土壤的月平均温度为13～18℃。生长季节内的土壤积温为2500～3000℃，土壤类型大致有暗棕色森林土、黑土、白浆土、苏打盐土、栗钙土。③温暖型，土壤年平均温度为6～10℃，土壤温度全年处于0℃以上的约有7个月，暖季土壤的月平均温度在18℃以上，生长季节内的土壤积温为3100～3600℃，土壤类型大致有棕色森林土、褐土、沙土、滨海盐土等。

二、地貌和成土母质

东北区域山地土壤的成土母质主要是各种残积物和坡积物；平地土壤的成土母质则为各种淤积物、湖积物、风积物和海相沉积物。黑土的成土母质为黏土和亚黏土，沉积在上部的黏土层是形成黑土的关键（孟凯等，2002）。

地质构造是形成地貌和成土母质的基础。东北区域地质结构相当复杂，大致中部地区为比较稳定的台地，约以43°N一线为界，以北属于东北台块，以南属于华北台块；东西两侧的山地多属地槽，西侧为大兴安岭和内蒙古褶皱带，东侧为太平岭和乌苏里褶皱带；此外，在地槽和地台之间还有一个过渡性的吉林准褶皱带（图2.7～图2.8）。

三、土地利用和植被

土壤熟化是指土壤在人为因素和自然因素综合作用下发育的过程。多年来，黑土区的土地利用也发生了很大的变化。(图2.9～图2.11)

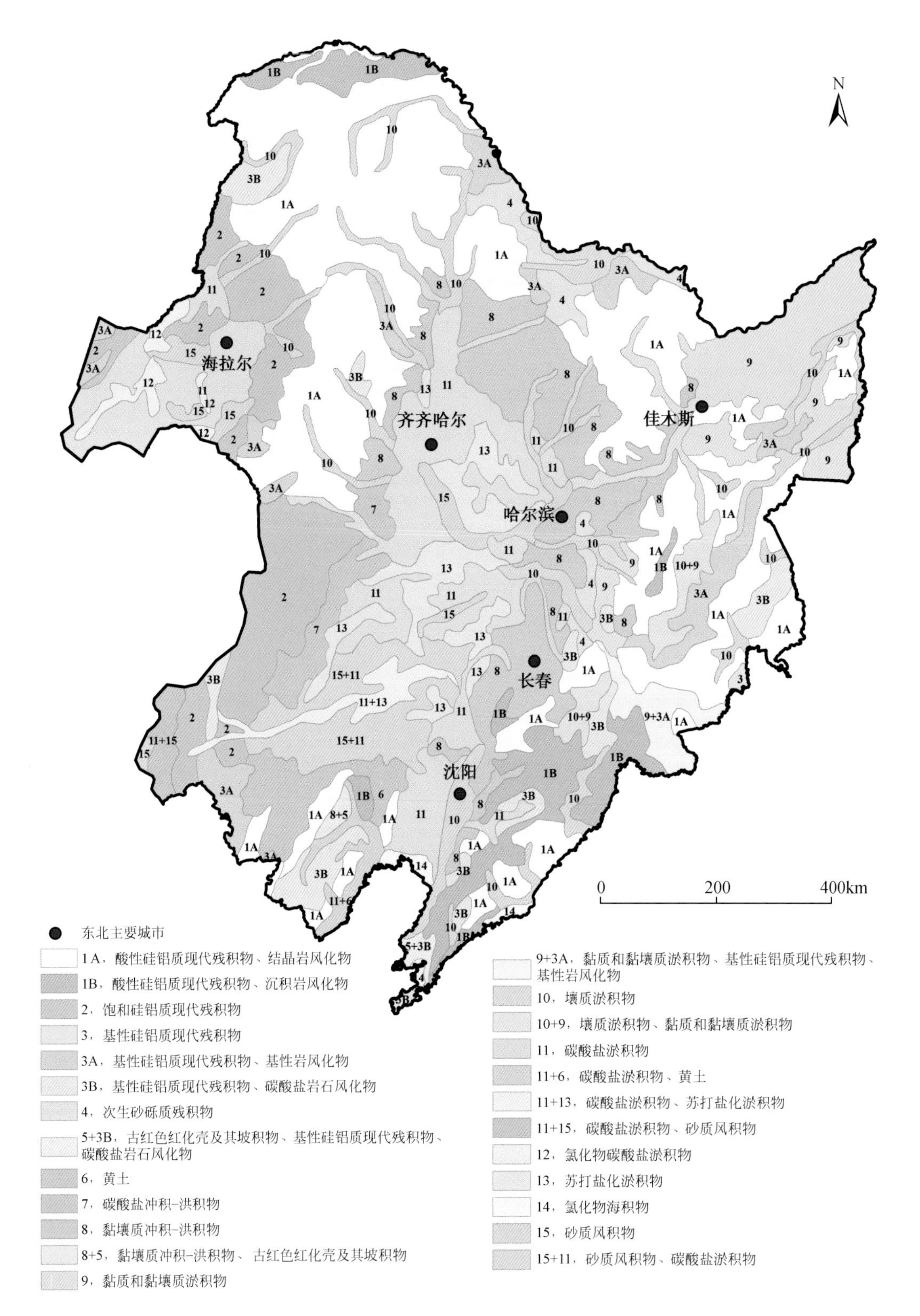

图 2.7　东北区域成土母质

引自《中国东北土壤》，中国科学院林业土壤研究所 1980 年编著

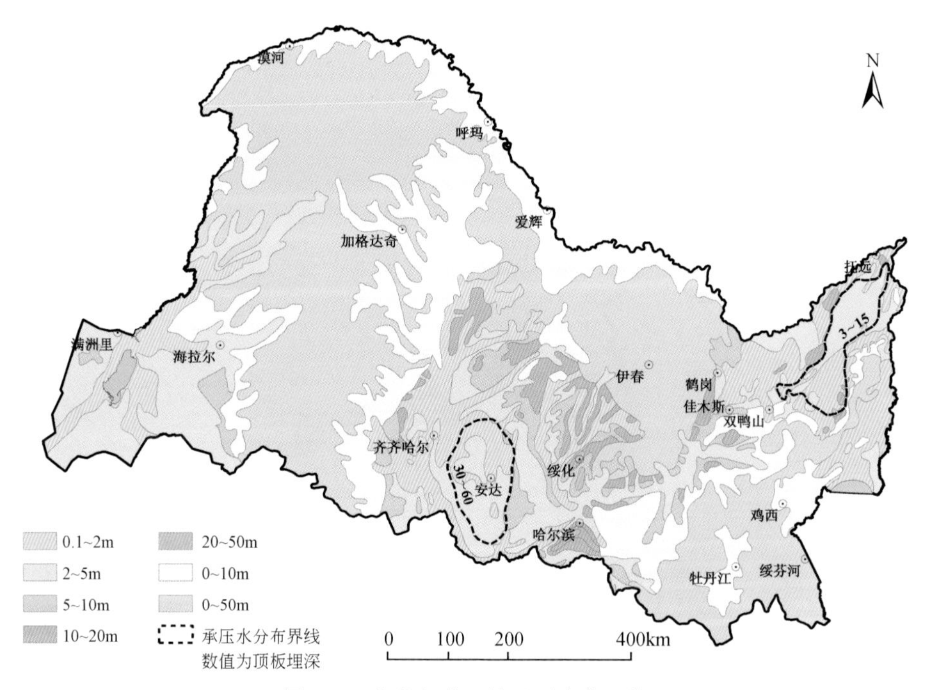

图 2.8 东北部分区域地下水位埋深

引自黑龙江省测绘地理信息局 1976 年 12 月编印出版的纸图配准矢量化。本图中国国界按照地图出版社 1971 年出版的《中华人民共和国地图》绘制

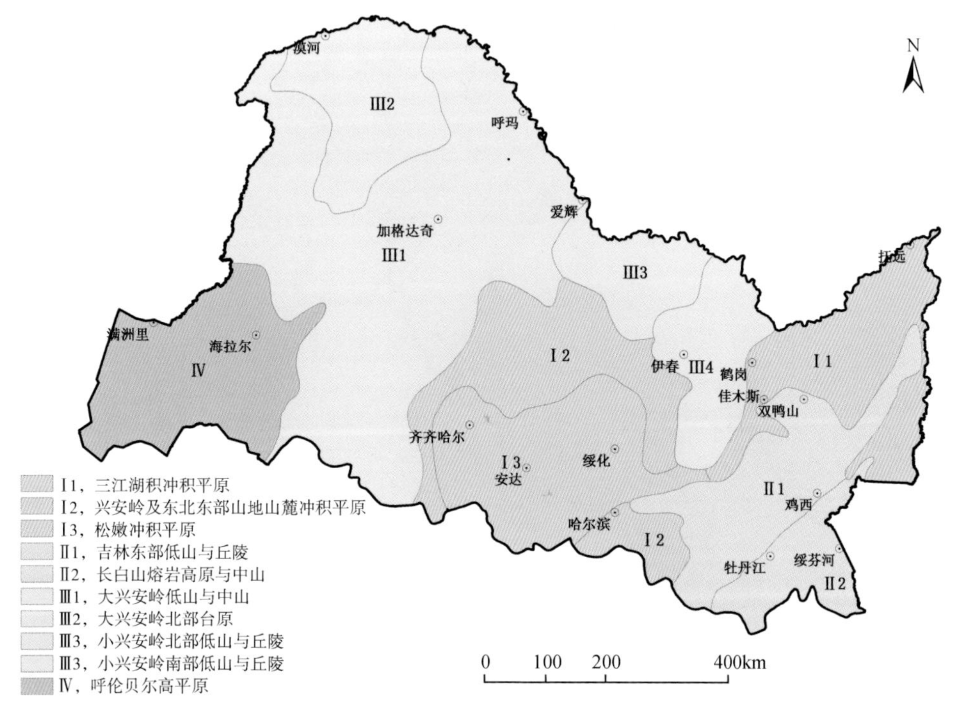

图 2.9 东北部分区域地貌区划

引自黑龙江省测绘地理信息局 1976 年 12 月编印出版的地貌区划图，本图中国国界按照地图出版社 1971 年出版的《中华人民共和国地图》绘制

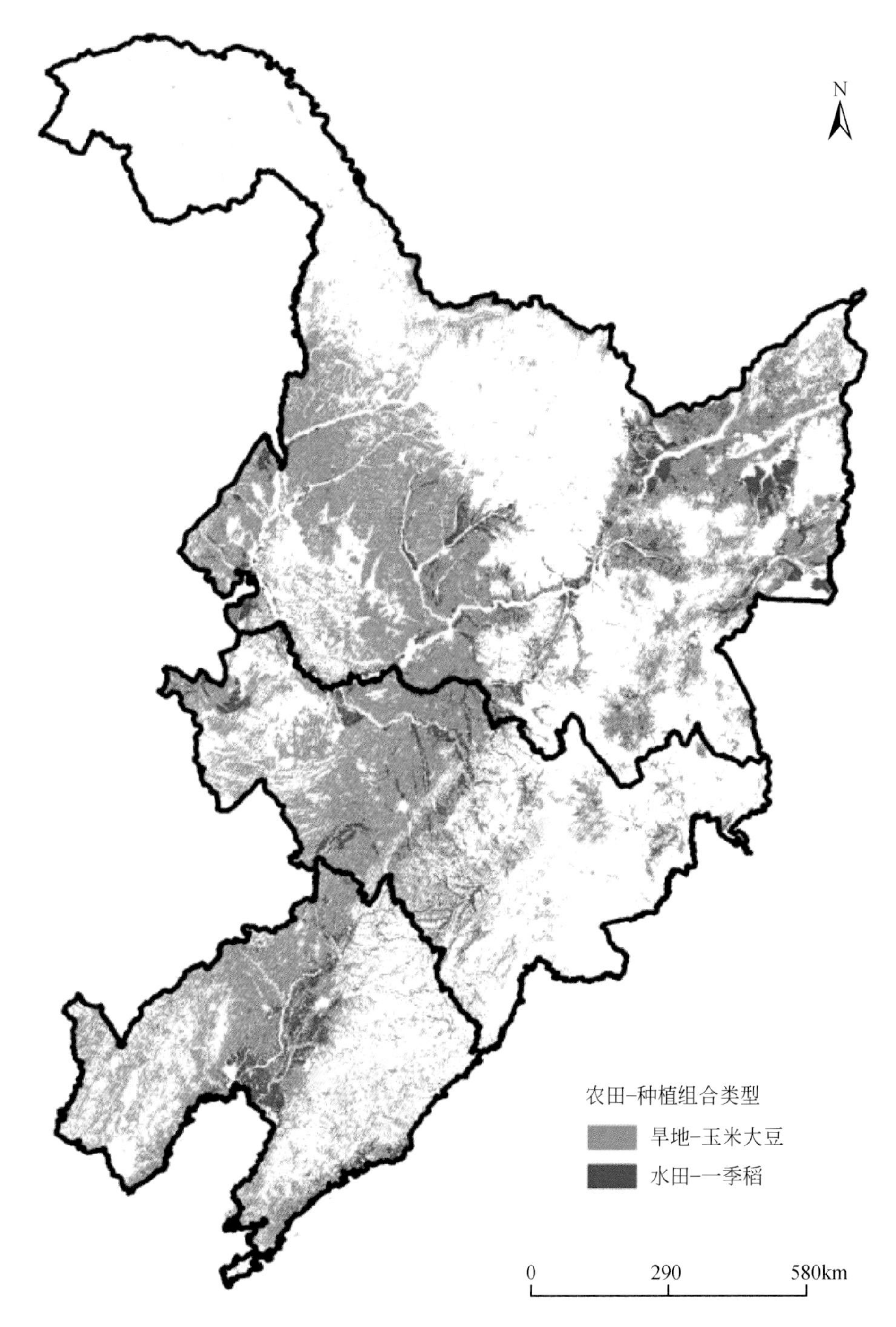

图 2.10　东三省 2000 年土地利用

引自 2000 年陆地卫星（Landsat TM）解译数据

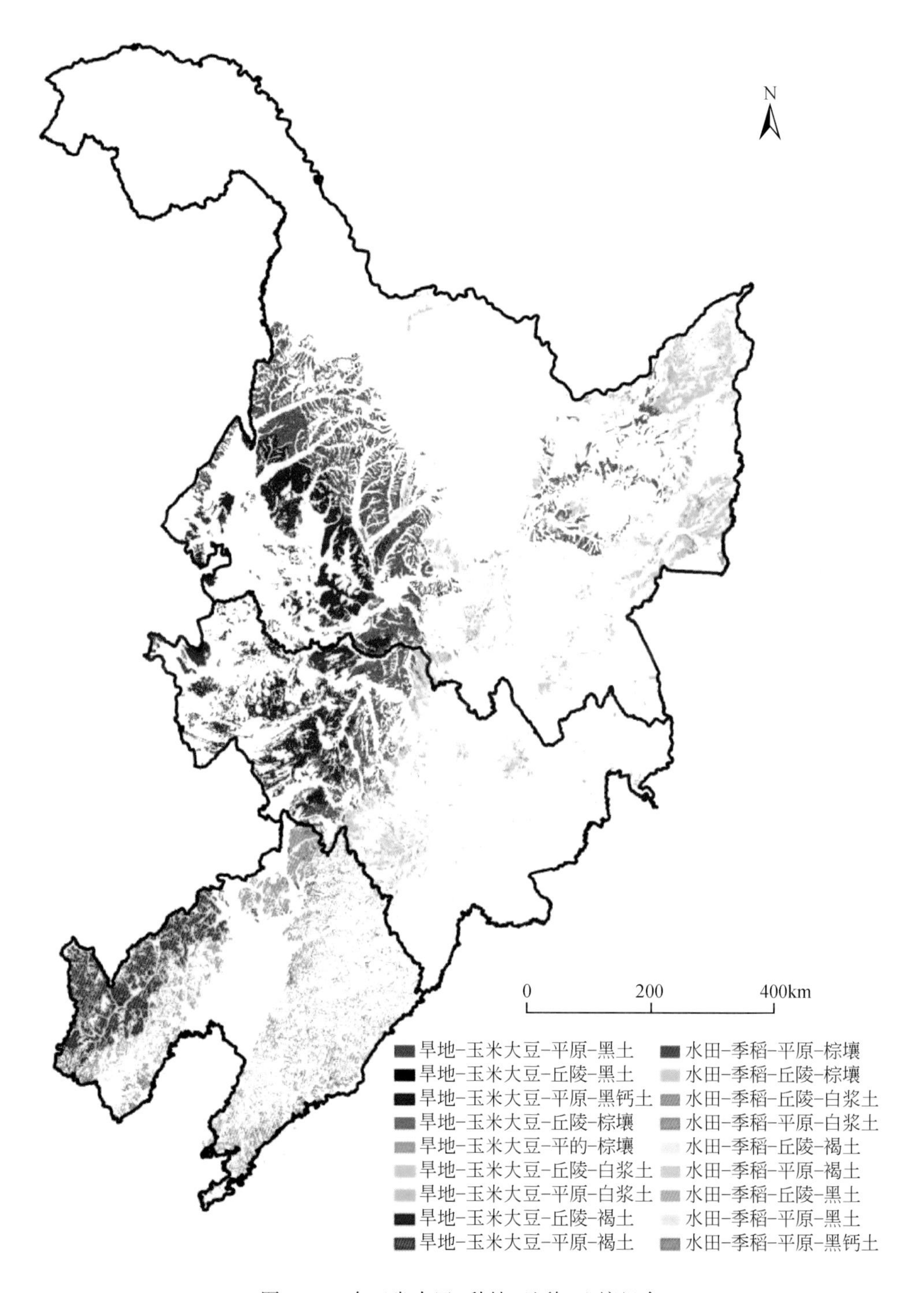

图2.11　东三省农田-种植-地貌-土壤组合

引自2000年1：10万陆地卫星（Landsat TM）土地利用解译数据，1：300万土壤数据综合处理

第四节　中国黑土理化性状

一、东北区域

（一）土壤机械组成

土壤机械组成明显受内因和外因两种因素的影响，内因是指成土母质的矿物及化学组成，外因是指气候、植被以及人为活动等，由于这些错综复杂的内因和外因的影响，土壤机械组成反映在地理分布上十分不均匀（图 2. 12）。

（二）东北土壤 pH

土壤 pH 表示土壤的酸碱度，是土境形成过程中综合因子作用的结果，也是土壤肥力的重要指标之一。因此全面了解土壤 pH 有着重要的意义（图 2. 13）。

（三）东北土壤腐殖质

土壤中的有机残体在动物、昆虫及微生物的作用下，不断地进行分解与转化，最后形成腐殖质。腐殖质的形成过程是土壤形成中的一个主要组成部分，它与土壤发生和土壤肥力都有密切的关系（孟凯等，2002）。东北地区土壤有机质非常丰富，黑土具有多且深厚的腐殖质层（中国科学院林业土壤研究所，1980）（图 2. 14）。

（四）土壤微量元素

东北土壤中钴的地理分布规律（图 2. 15）与锰大同小异，但钴的变化范围较小。钴的含量除沙土区外，其他土类都超过了世界正常土壤平均含量。但除少数基性岩分布区外，本区土壤钴的含量并未超出地壳中的平均含量（中国科学院林业土壤研究所，1980）。

东北土壤中锰的地理分布极为不平衡（图 2. 16）。沙土区锰的含量可低至 100mg/kg 以下，某些森林土壤表层锰的含量则超过 2000mg/kg。辽宁、吉林两省的沙土区，海拉尔西南的沙丘分布区以及发育于砂岩风化物上的某些土壤可能缺锰。与沙土区毗邻的发育于黄土上的暗栗钙土和褐土等中锰的含量稍高些，但仍缺乏。与沙土区毗邻的发育于稍黏重母质上的盐土、碱土、褐土等中锰的含量属中下水平，部分土壤仍有缺锰可能。呼伦贝尔海拉尔以西的广大地区，除已经提及的沙土区外，也多为此含量水平（中国科学院林业土壤研究所，1980）。

东北沙土区中铜的含量也为最低，相邻的暗栗钙土及部分被开垦的棕色森林土、褐土分布区铜的含量也较低。此外，与此含量水平相近的尚有一些高山苔原土壤及滨海盐土。黑土及部分泛滥地土壤中铜的含量最丰富，含量可达世界正常土壤平均含量的两倍。除上述几个区域外，其他地区铜的含量均属中等水平（图2.17）。

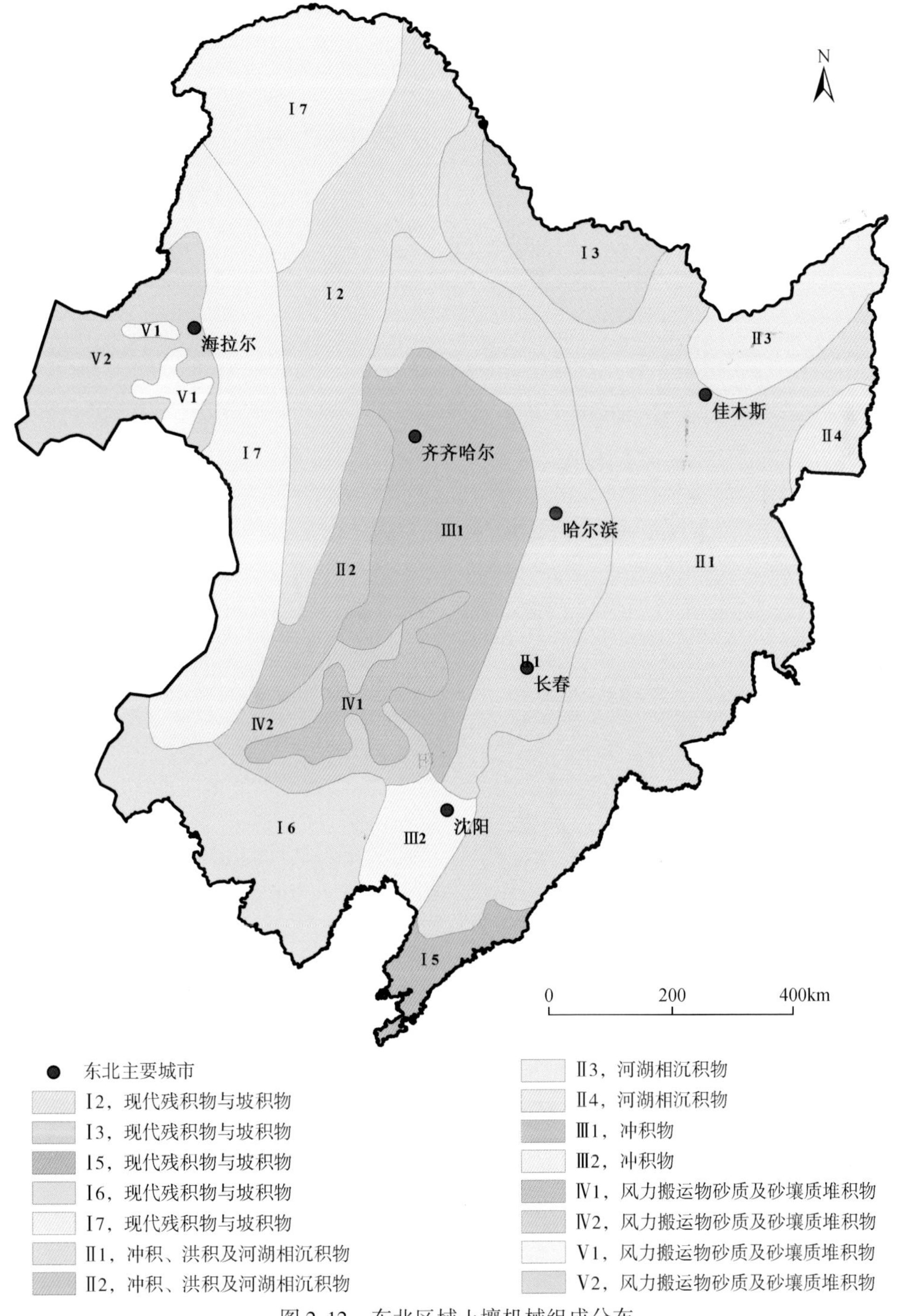

图2.12　东北区域土壤机械组成分布

据《中国东北土壤》改，中国科学院林业土壤研究所1980年编著

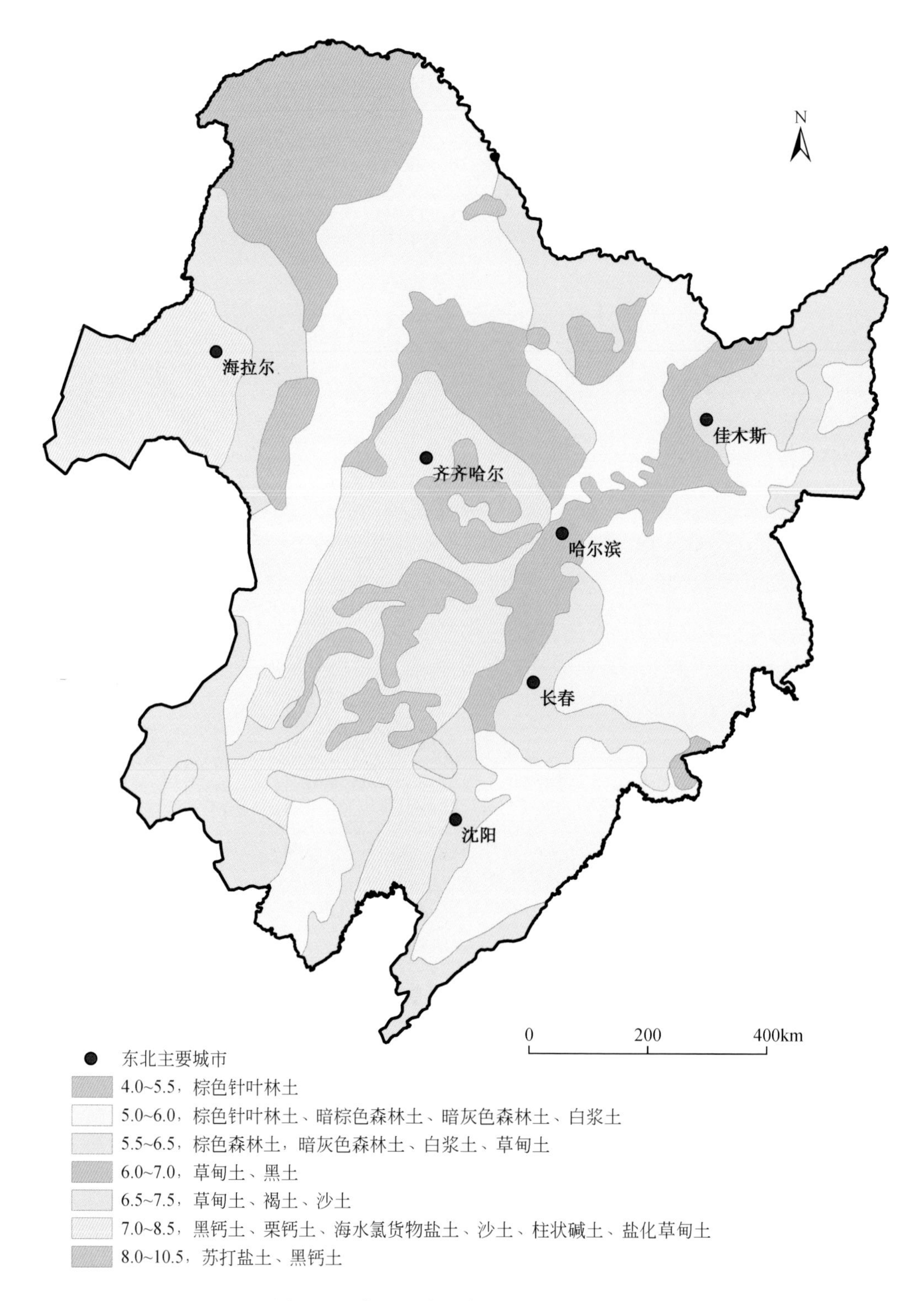

图 2. 13　东北区域土壤 pH 分布（水浸法）

据《中国东北土壤》改，中国科学院林业土壤研究所 1980 年编著

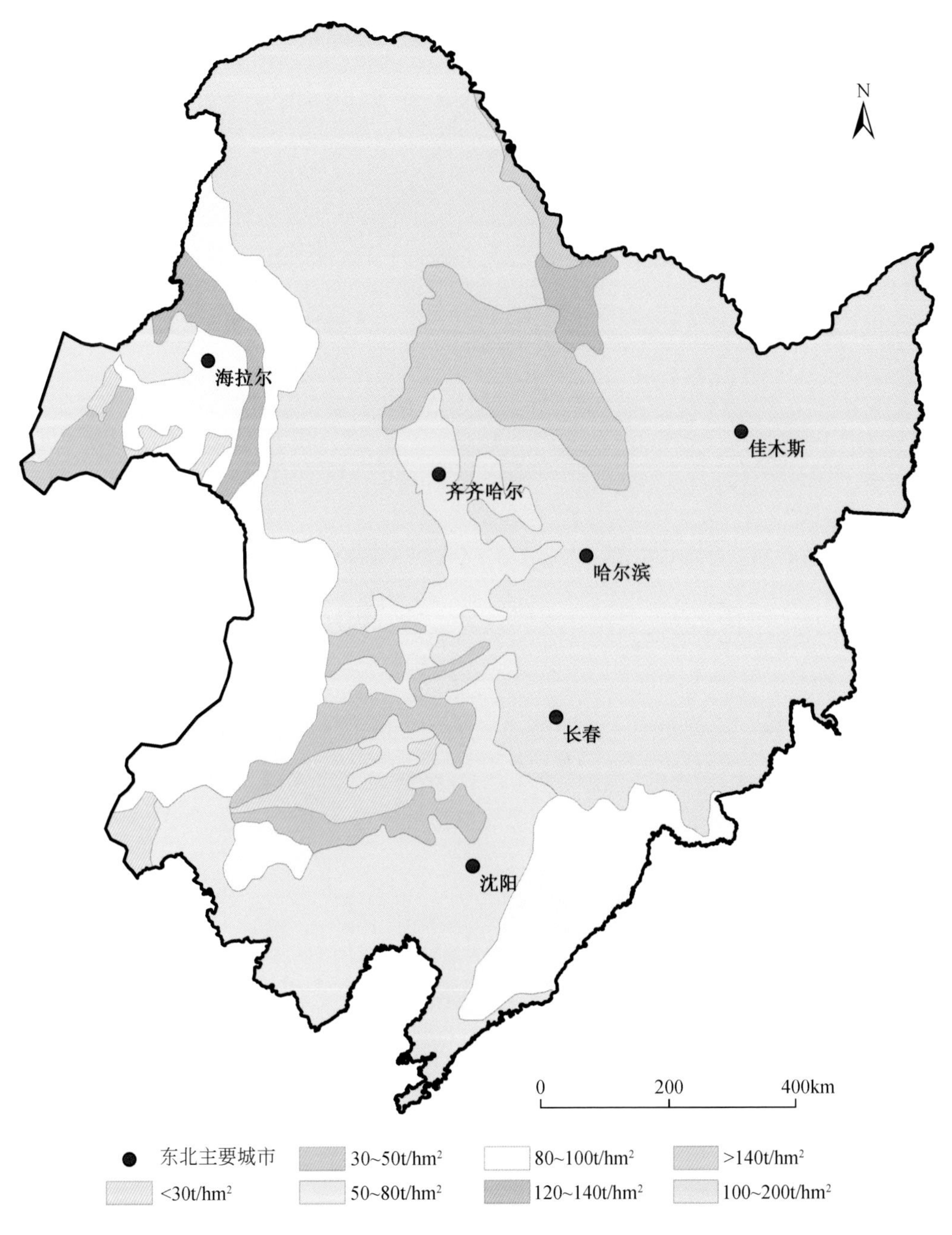

图 2.14　东北区域土壤表层 0～20cm 腐殖质分布

据《中国东北土壤》改，中国科学院林业土壤研究所 1980 年编著

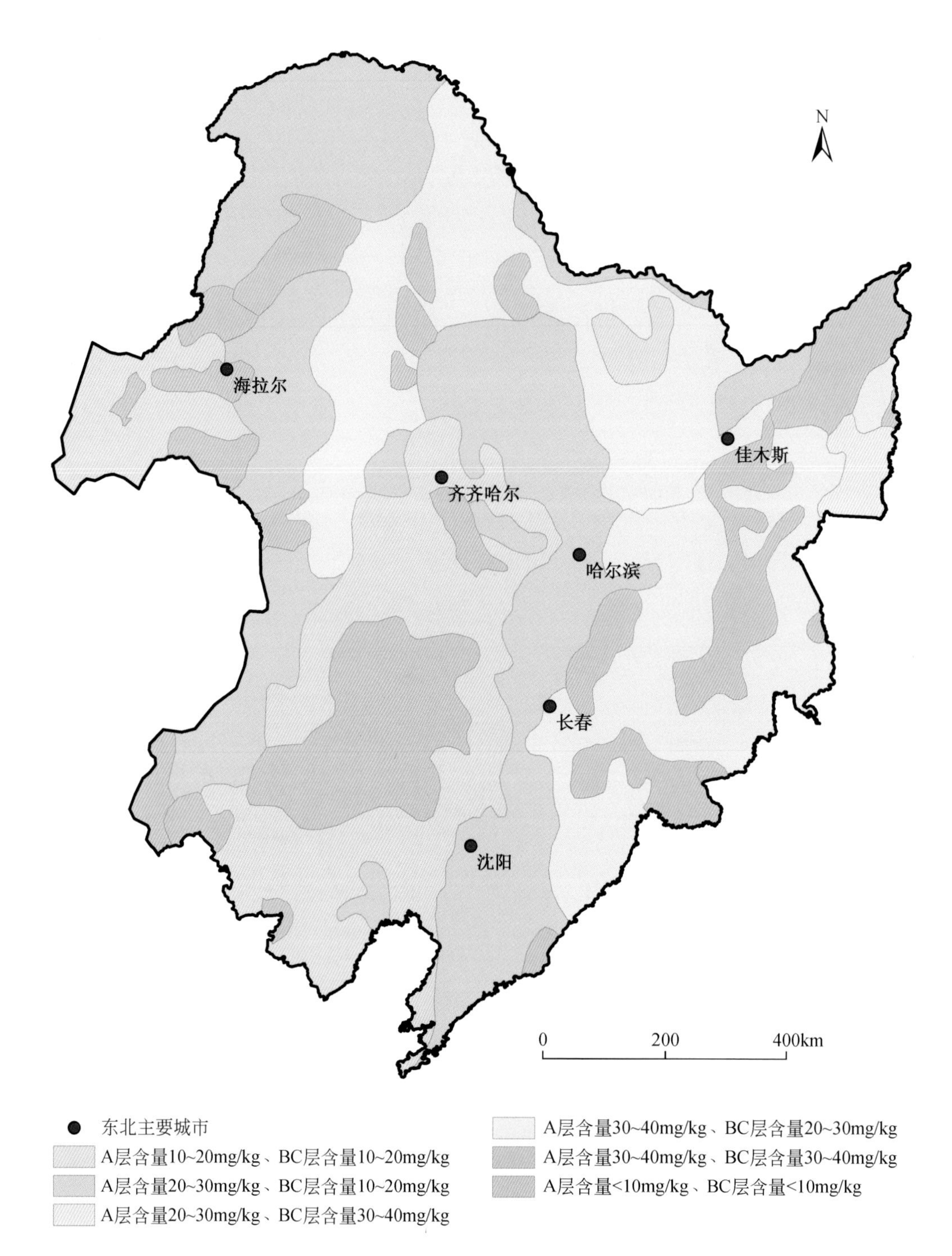

图 2.15 东北区域土壤钴含量分布

据《中国东北土壤》改，中国科学院林业土壤研究所 1980 年编著。

A 层指黑土层，BC 层指淋溶过渡层

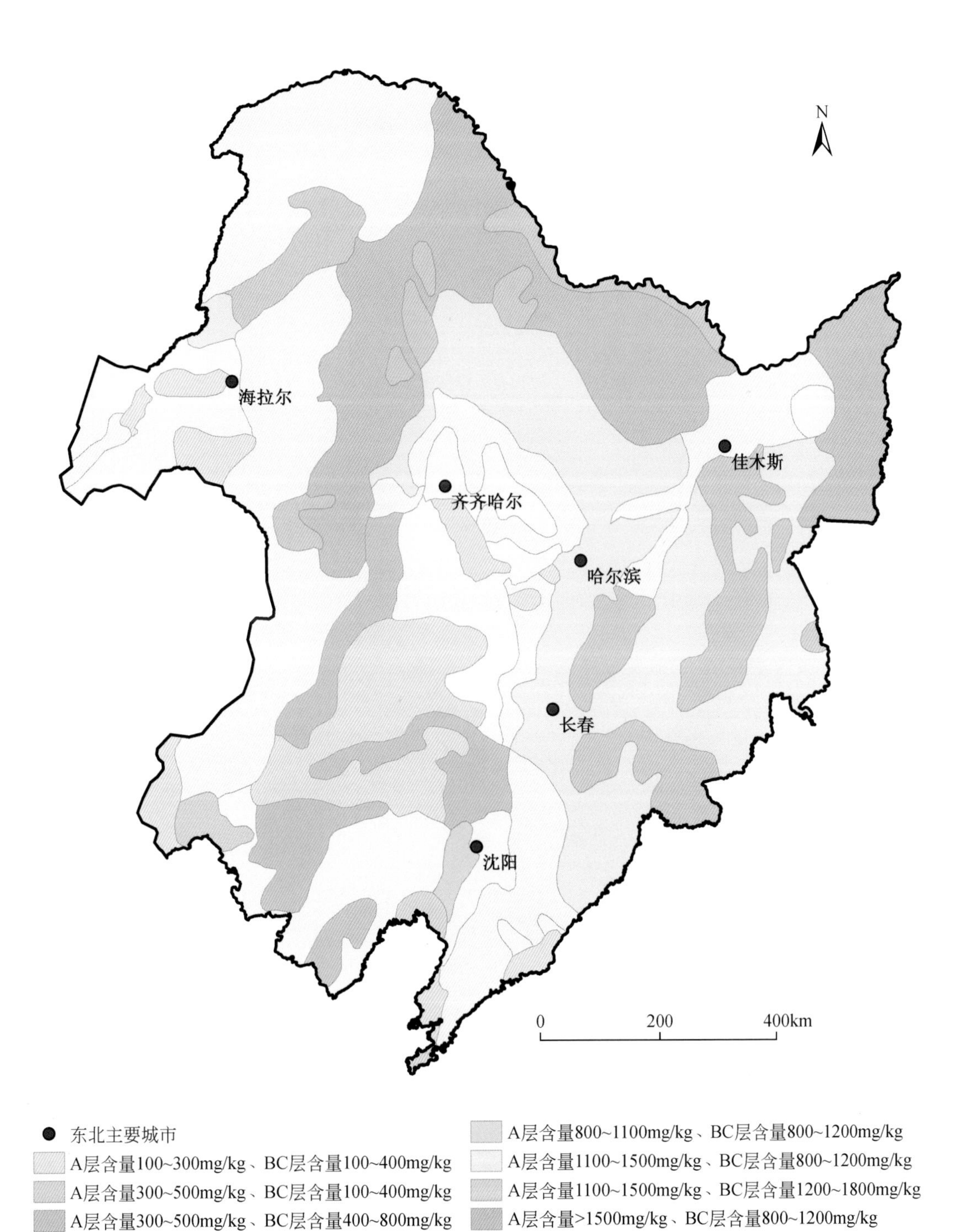

图 2.16　东北区域土壤锰含量分布

据《中国东北土壤》改，中国科学院林业土壤研究所 1980 年编著

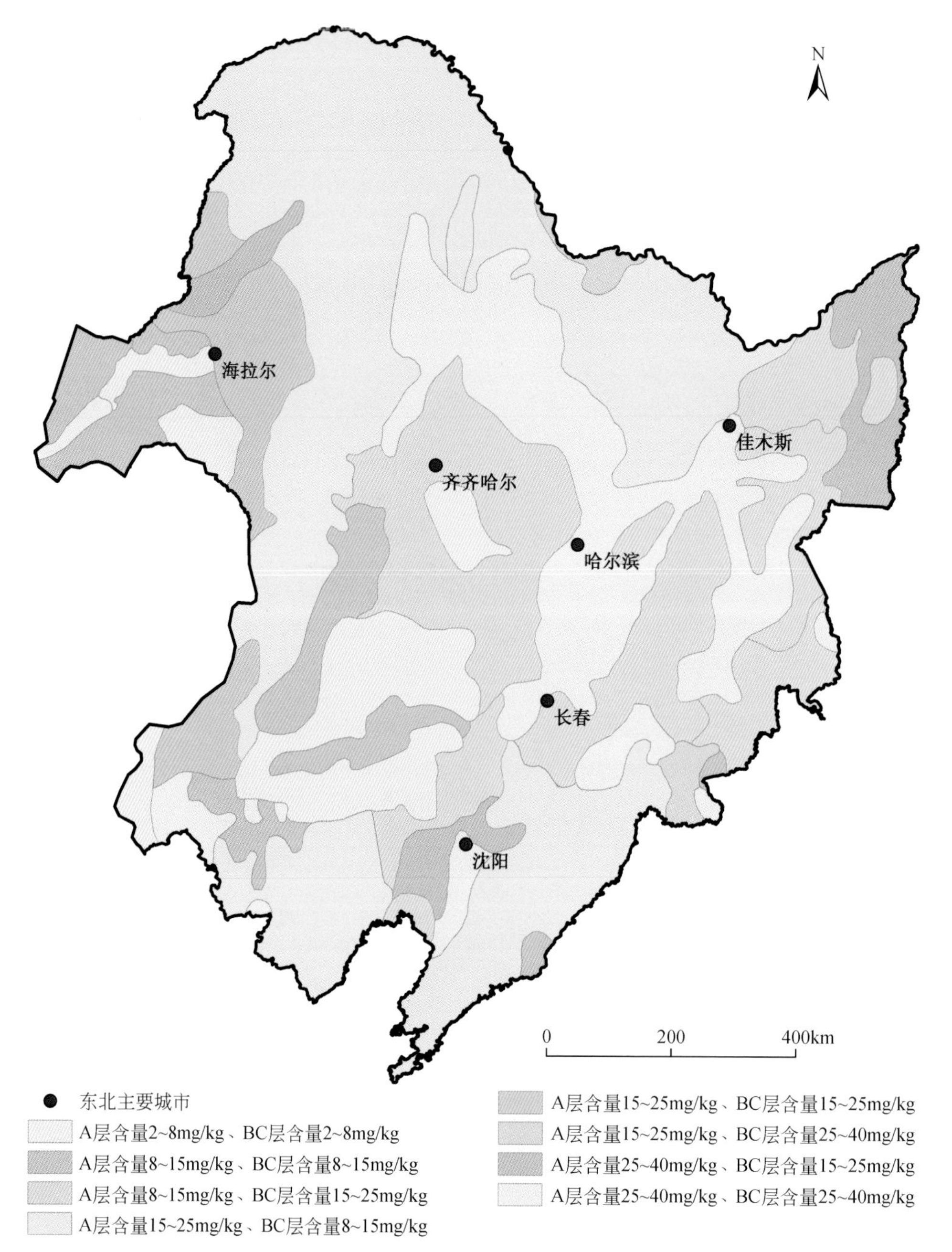

图 2.17　东北区域土壤铜含量分布

据《中国东北土壤》改，中国科学院林业土壤研究所 1980 年编著

东北土壤中钼的含量均低。黑龙江东部的三江平原含量稍高，但也仅属于中等水平。沙土和黄土分布区钼的含量最低，不能满足植物正常生长的需要。典型黑土及盐碱土的大部分地区含量属于中下水平，对植物正常生长来说也有缺钼的可能。白浆土和暗棕色森林土分布区钼的含量最丰富，但后者主要是表层土的钼含量较高，而前者主要是心土具有较高的钼含量（中国科学院林业土壤研究所，1980）（图 2.18）。

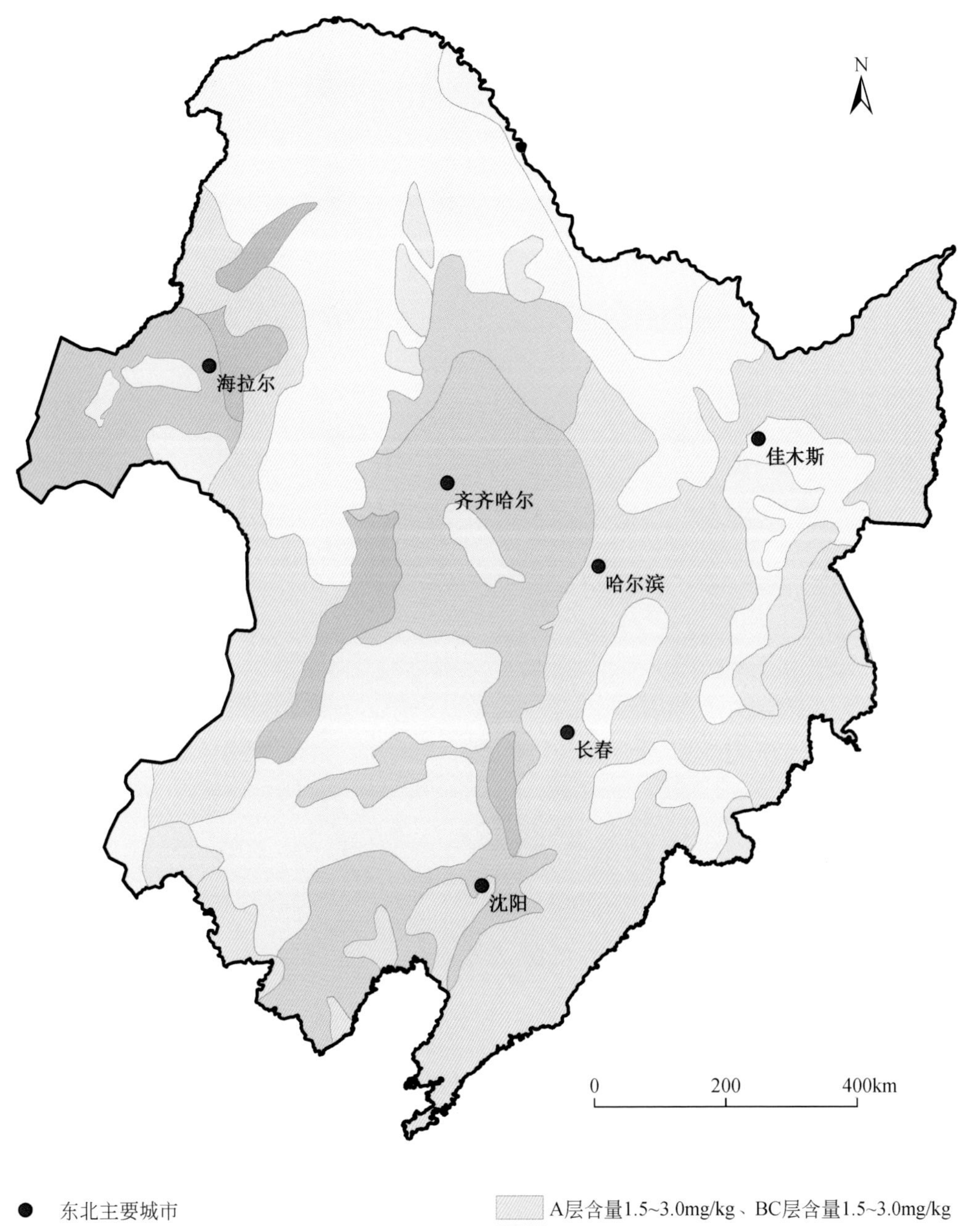

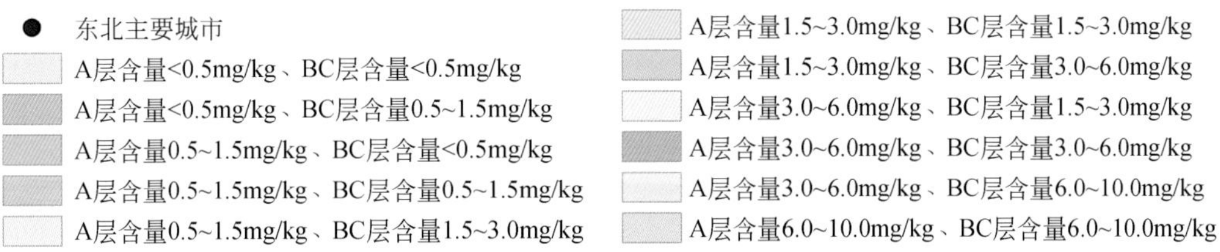

图 2.18 东北区域土壤钼含量分布

据《中国东北土壤》改，中国科学院林业土壤研究所 1980 年编著

东北土壤中硼的平均含量为世界正常土壤平均含量的 4 倍，因此在大部分地区硼的蕴藏量是很丰富的（中国科学院林业土壤研究所，1980）（图 2.19）。

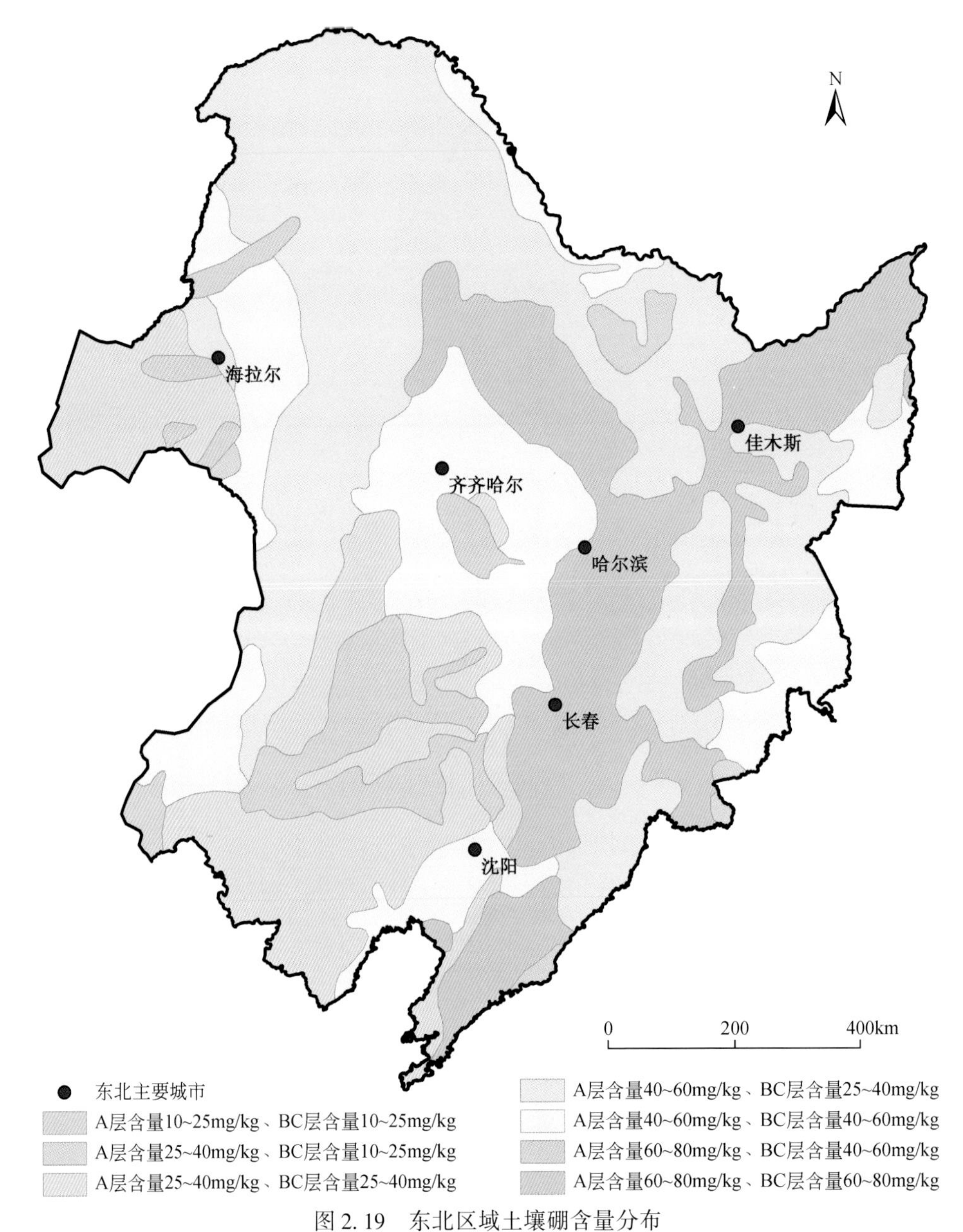

图 2.19　东北区域土壤硼含量分布

据《中国东北土壤》改，中国科学院林业土壤研究所 1980 年编著

东北土壤中锌的地理分布规律与锰相似（图 2.20）。沙土区为最低锌含量中心，是该区唯一锌含量在中等以下水平的地区。毗邻的暗栗钙土、盐碱土分布区，锌含量属中等水平。黑龙江、吉林的黑土，辽宁东部的棕色森林土，辽宁西部的褐土，环绕中心低含量与中等含量地区，构成一个几乎为半圆形的含锌颇为丰富的地区。另一个毗邻地区，包括大小兴安岭及吉林东部山地的各种山地森林土及白浆土在内的马蹄形区域，锌含量为该区最高，一般都在 100mg/kg 以上，超过世界正常土壤中锌平均含量的一倍（中国科学院林业土壤研究所，1980）。

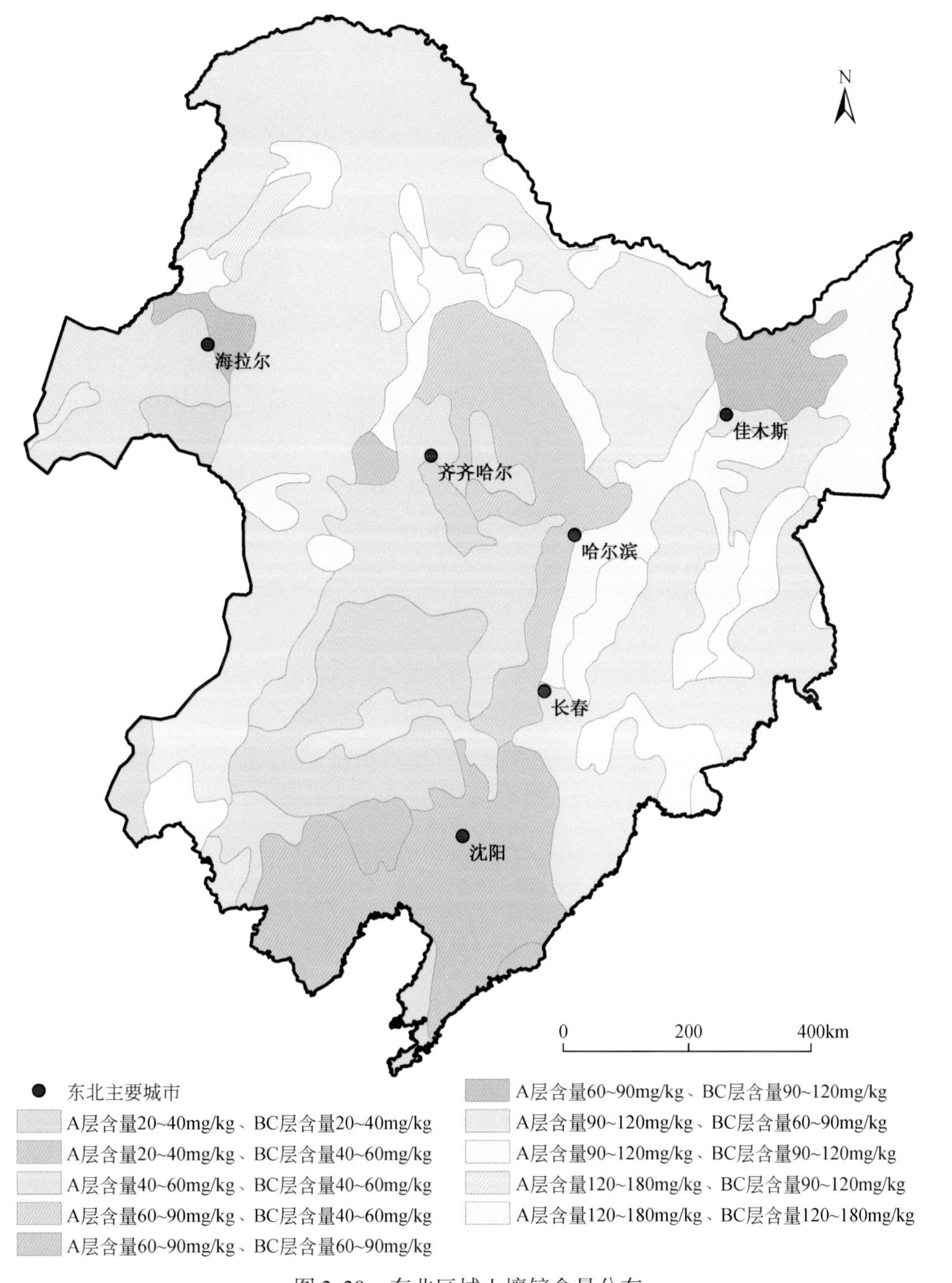

图 2.20　东北区域土壤锌含量分布

据《中国东北土壤》改，中国科学院林业土壤研究所 1980 年编著

二、黑龙江省区域

自 20 世纪 80 年代以来，土壤养分发生了很大变化，现以全国第二次土壤普查时黑龙江土壤养分图为例（大部分县市 1982 年采样测定），展示土壤养分的空间分布，为土壤养分时空格局变化研究提供数据支持，如图 2.21 ~ 图 2.30 所示。

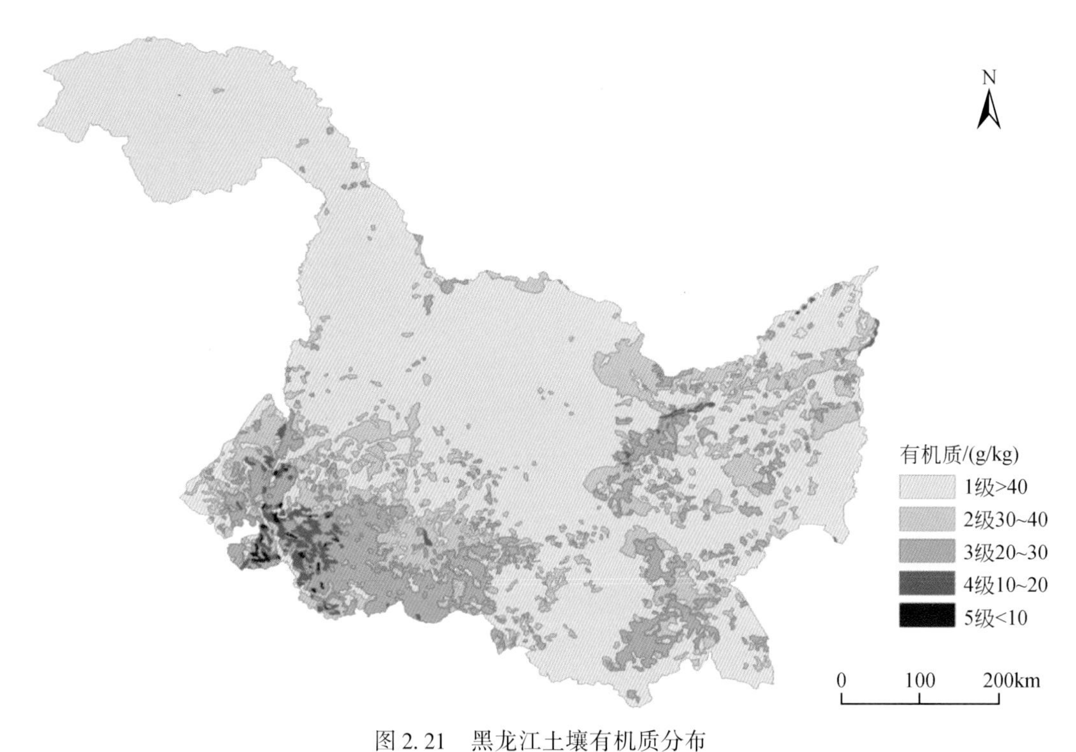

图 2.21　黑龙江土壤有机质分布

引自1990年6月黑龙江省土壤普查办公室和黑龙江省土地勘测利用技术中心绘制的图件并综合处理

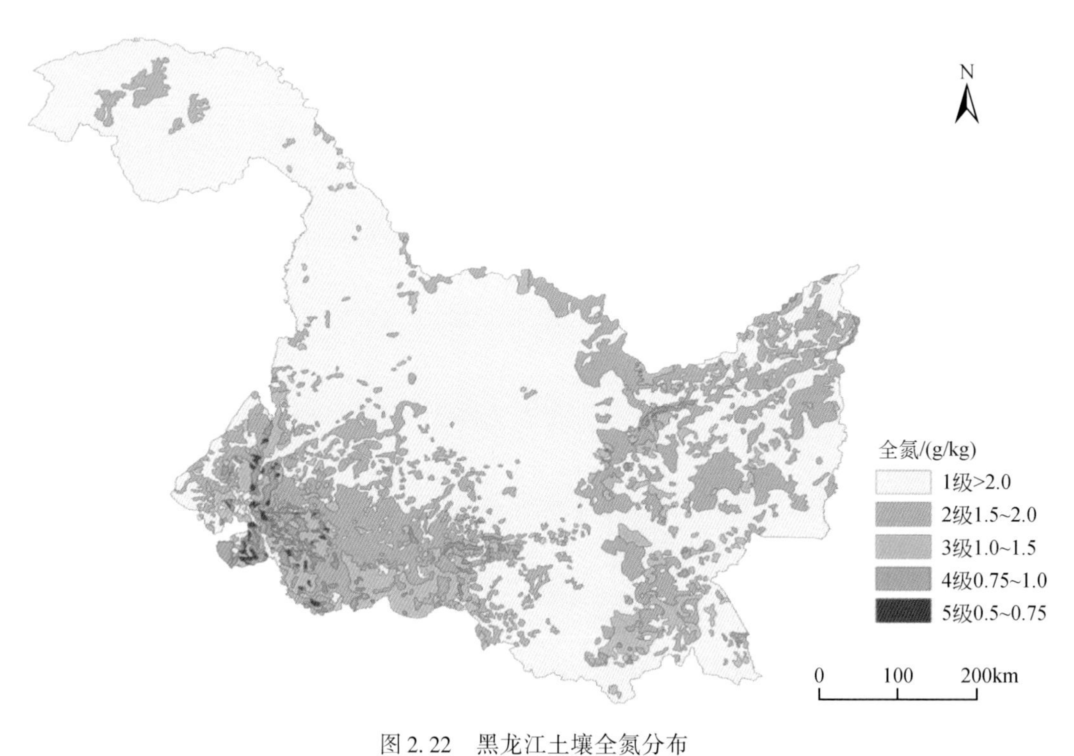

图 2.22　黑龙江土壤全氮分布

引自1990年6月黑龙江省土壤普查办公室和黑龙江省土地勘测利用技术中心绘制的图件并综合处理

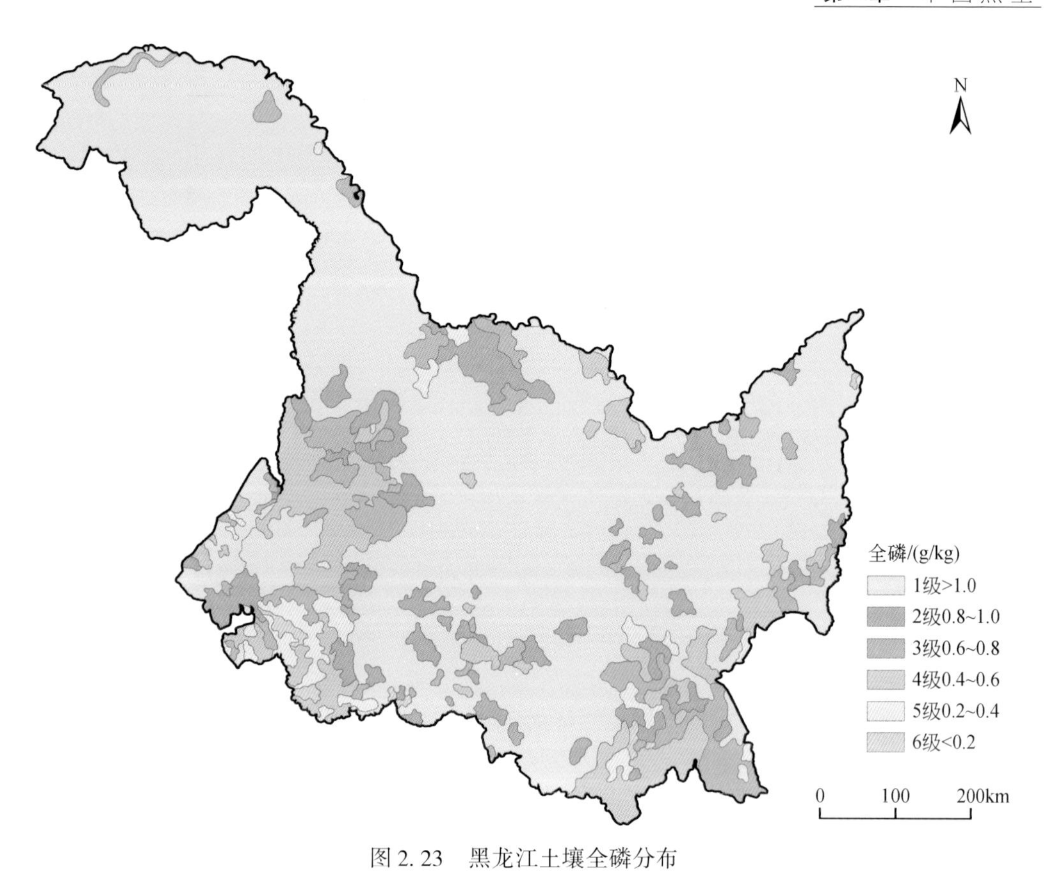

图 2.23 黑龙江土壤全磷分布

引自 1990 年 6 月黑龙江省土壤普查办公室和黑龙江省土地勘测利用技术中心绘制的图件并综合处理

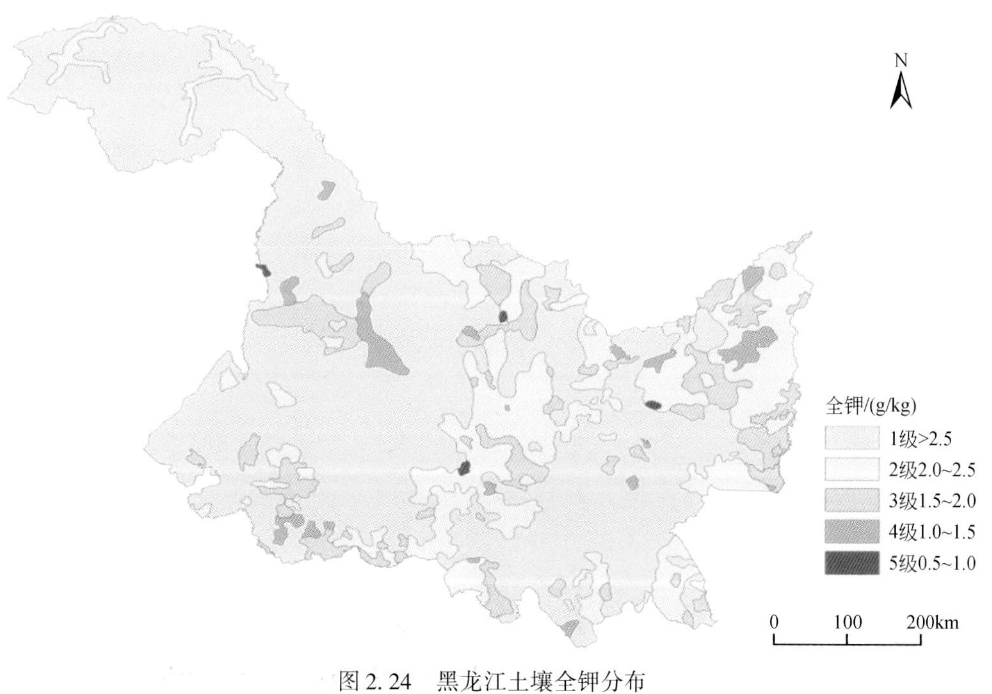

图 2.24 黑龙江土壤全钾分布

引自 1990 年 6 月黑龙江省土壤普查办公室和黑龙江省土地勘测利用技术中心绘制的图件并综合处理

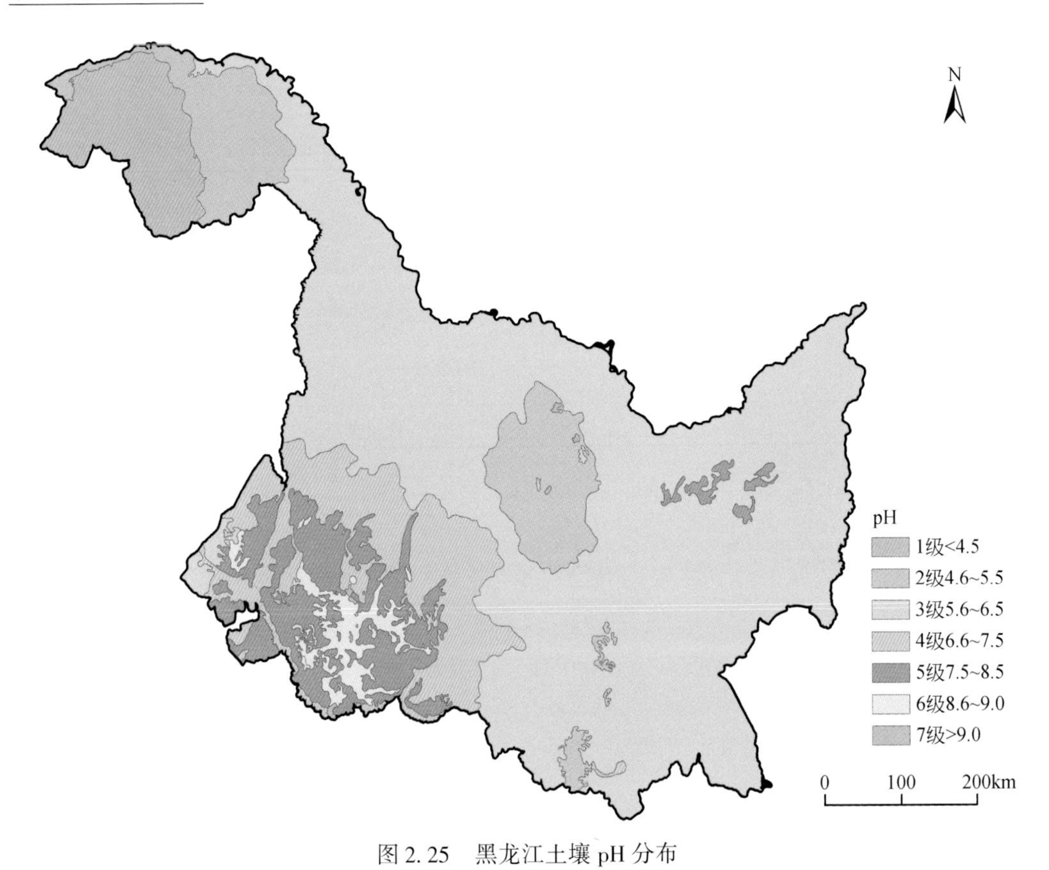

图 2.25 黑龙江土壤 pH 分布

引自 1990 年 6 月黑龙江省土壤普查办公室和黑龙江省土地勘测利用技术中心绘制的图件并综合处理

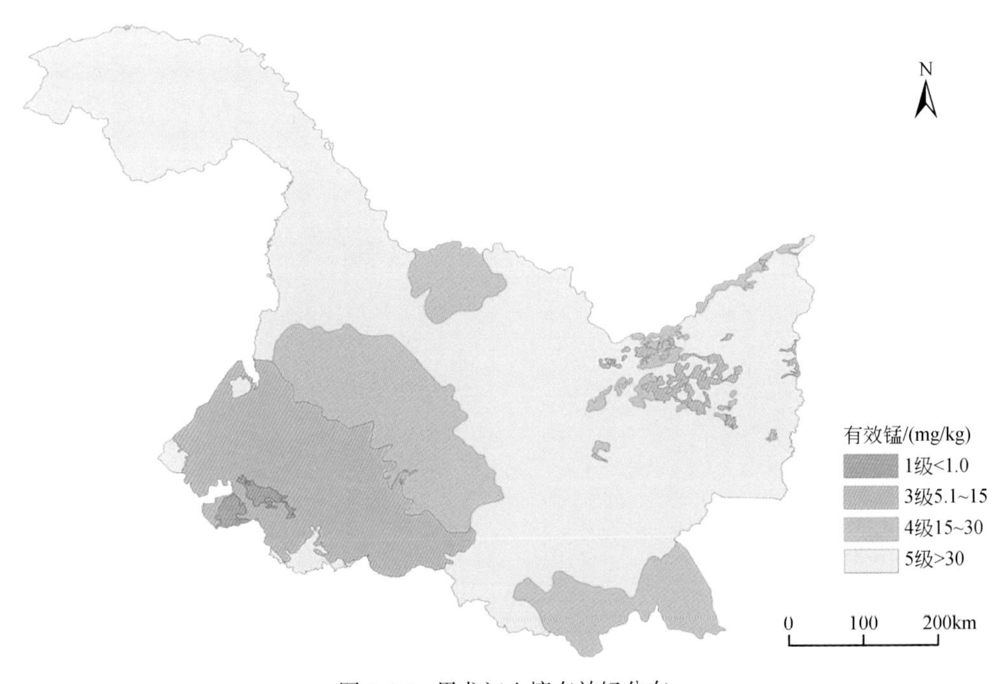

图 2.26 黑龙江土壤有效锰分布

引自 1990 年 6 月黑龙江省土壤普查办公室和黑龙江省土地勘测利用技术中心绘制的图件并综合处理

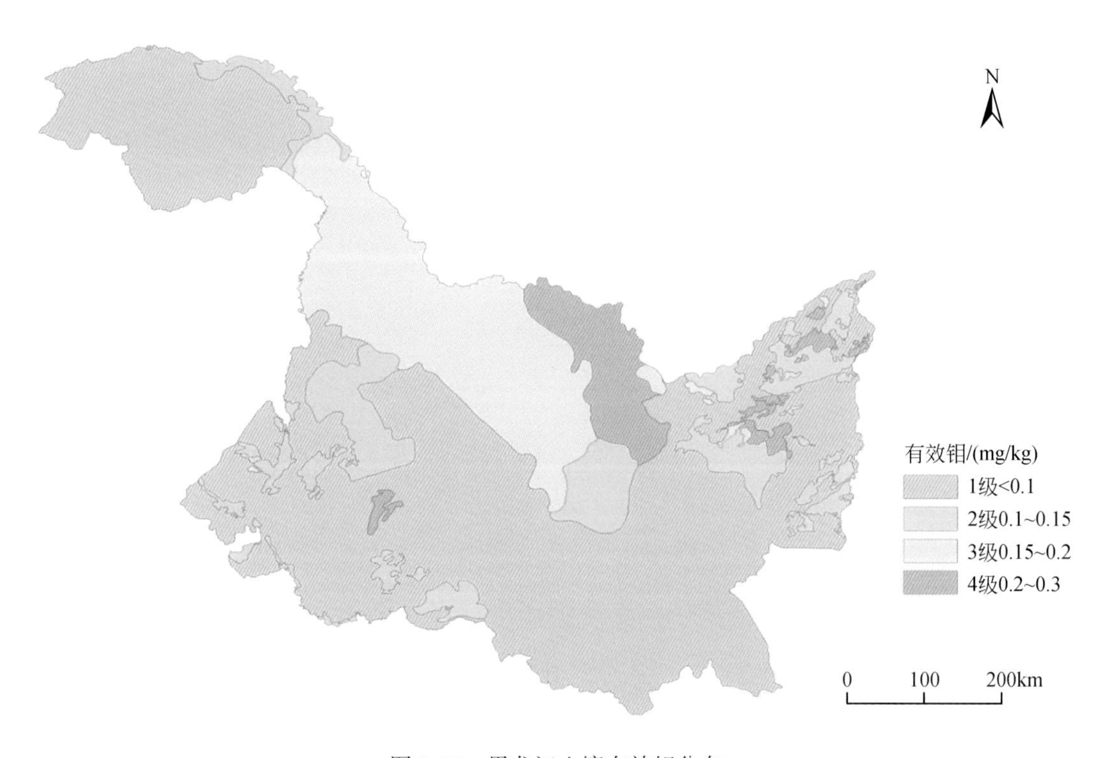

图 2. 27 黑龙江土壤有效钼分布

引自 1990 年 6 月黑龙江省土壤普查办公室和黑龙江省土地勘测利用技术中心绘制的图件并综合处理

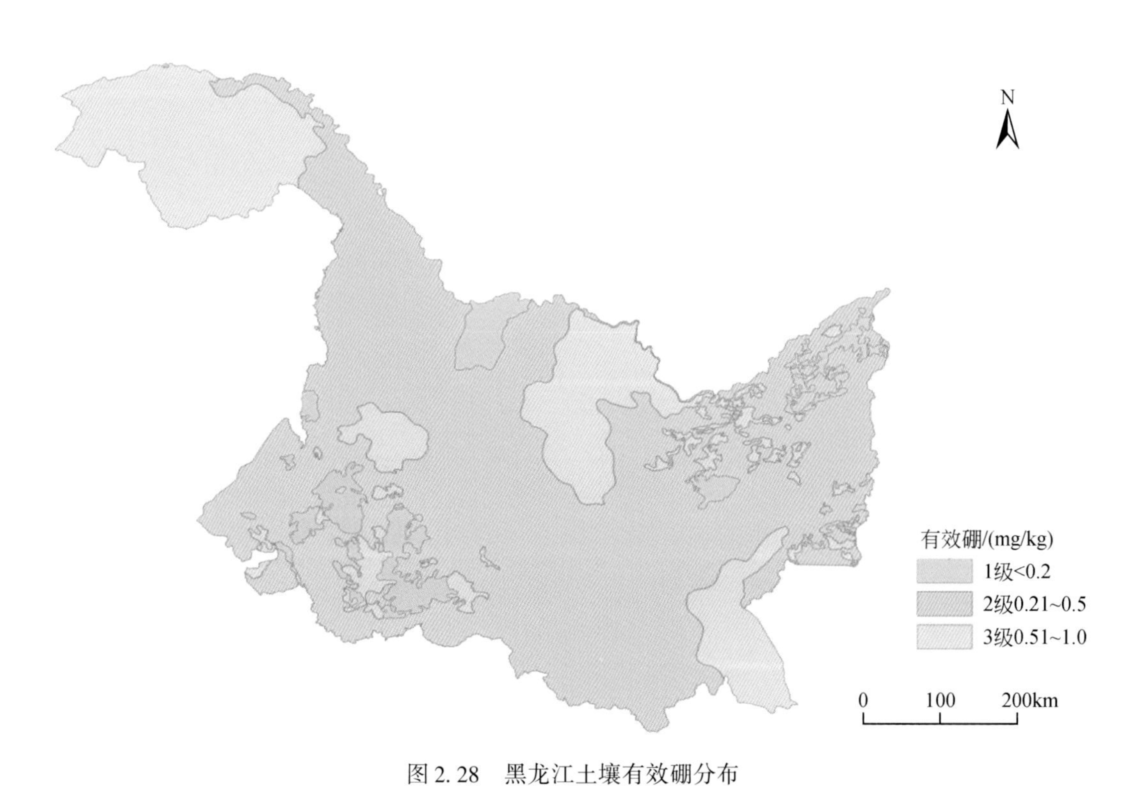

图 2. 28 黑龙江土壤有效硼分布

引自 1990 年 6 月黑龙江省土壤普查办公室和黑龙江省土地勘测利用技术中心绘制的图件并综合处理

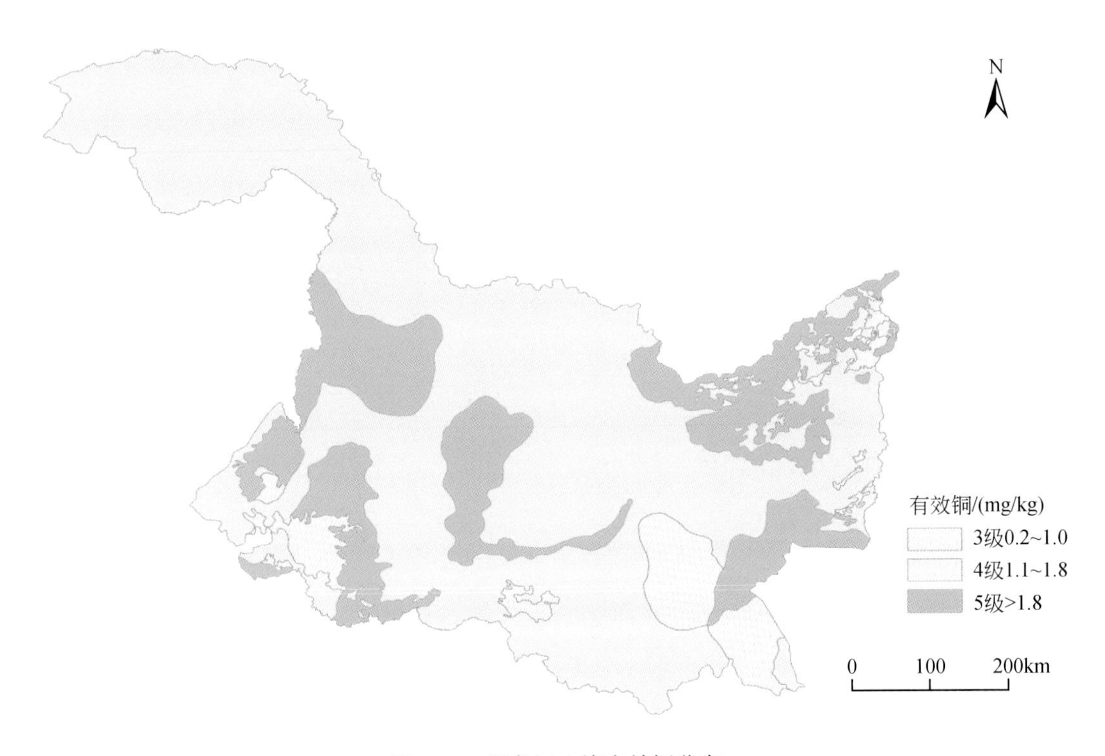

图 2.29　黑龙江土壤有效铜分布

引自1990年6月黑龙江省土壤普查办公室和黑龙江省土地勘测利用技术中心绘制的图件并综合处理

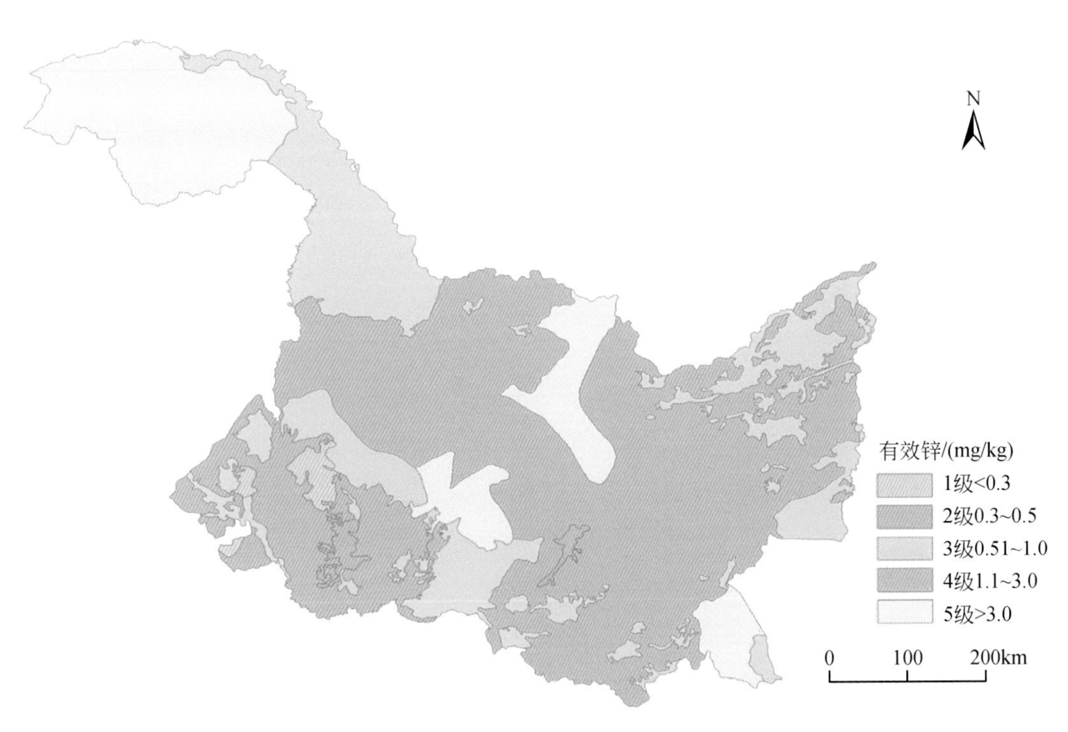

图 2.30　黑龙江土壤有效锌分布

引自1990年6月黑龙江省土壤普查办公室和黑龙江省土地勘测利用技术中心绘制的图件并综合处理

三、松嫩平原黑土带

松嫩平原是东北平原的组成部分，主要由松花江和嫩江冲积而成；南以松辽分水岭为界，北与小兴安岭山脉相连，东西两面分别与东部山地和大兴安岭接壤。整个平原略呈菱形，是典型黑土带区。本研究区是松嫩平原位于黑龙江省的部分，涉及 23 个市（县），地理坐标为 124.31°E ~ 128.50°E，45.01°N ~ 49.51°N，农田总面积约为 545 万 hm^2。2002 年秋季作物收获后，秋整地前，间隔 5km 取样，选取典型的和有代表性的地块，采集耕层 0 ~ 20cm 的土样，每个土壤样品按对角线采集 15 个样点，混合后装袋，共采集土样 637 份；在采样时，用 GPS 定位，记录样点的海拔、经纬度，同时记录样点的本底资料。采集的土样在室内风干，研磨，过 2mm 筛，备用。

土样的化验分析统一采用《土壤农业化学分析方法》（鲁如坤，1999）的方法进行化验分析，每个样品测定 3 ~ 4 次重复。

有机质：由全碳乘以系数 1.724 得到。全碳化验分析方法为燃烧法，德国 Elementar 公司生产的 Vario ELII 元素分析仪。

全氮：燃烧法，德国 Elementar 公司生产的 Vario ELII 元素分析仪。

全磷：酸液–钼锑抗比色法。

碱解氮：碱解扩散法。

有效磷：碳酸氢钠浸提，钼锑抗比色法。

速效钾：乙酸铵提取原子吸收分光光度法。

在化验分析的基础上，通过 ArcGIS 空间分析，克里格插值得到以下土壤养分空间分布图，供研究学者分析应用，如图 2.31 ~ 图 2.42 所示。

每个土壤粒级划分标准，都有相应的土壤质地的分类和划分标准。国际制和美国制均为三级分类法，即按沙粒、黏粒和粉粒的质量分数，将土壤划分为砂土、壤土、黏壤土和黏土四大类 12 级。

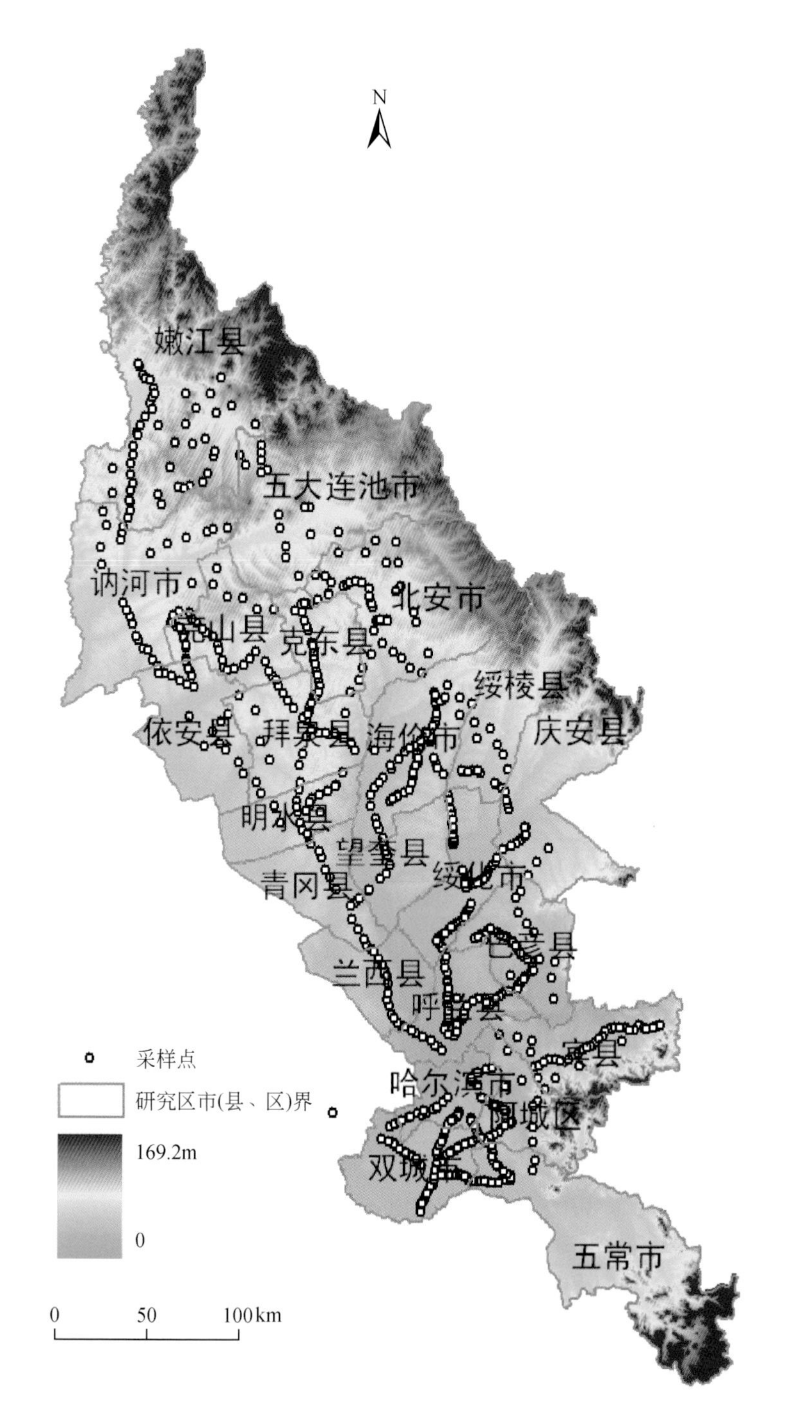

图 2.31　松嫩平原黑土带采样样点分布

数据来自中国科学院东北地理与农业生态研究所黑土退化与修复学科组 2002 年秋季黑土区采样调查。图中行政区划名称为 2000 年区划，具体可参考《中华人民共和国行政区划简册》（中华人民共和国民政部，2010），其中呼兰县已于 2004 年撤县为区，阿城区已于 2006 处撤市为区，双城市已于 2014 年撤市为区

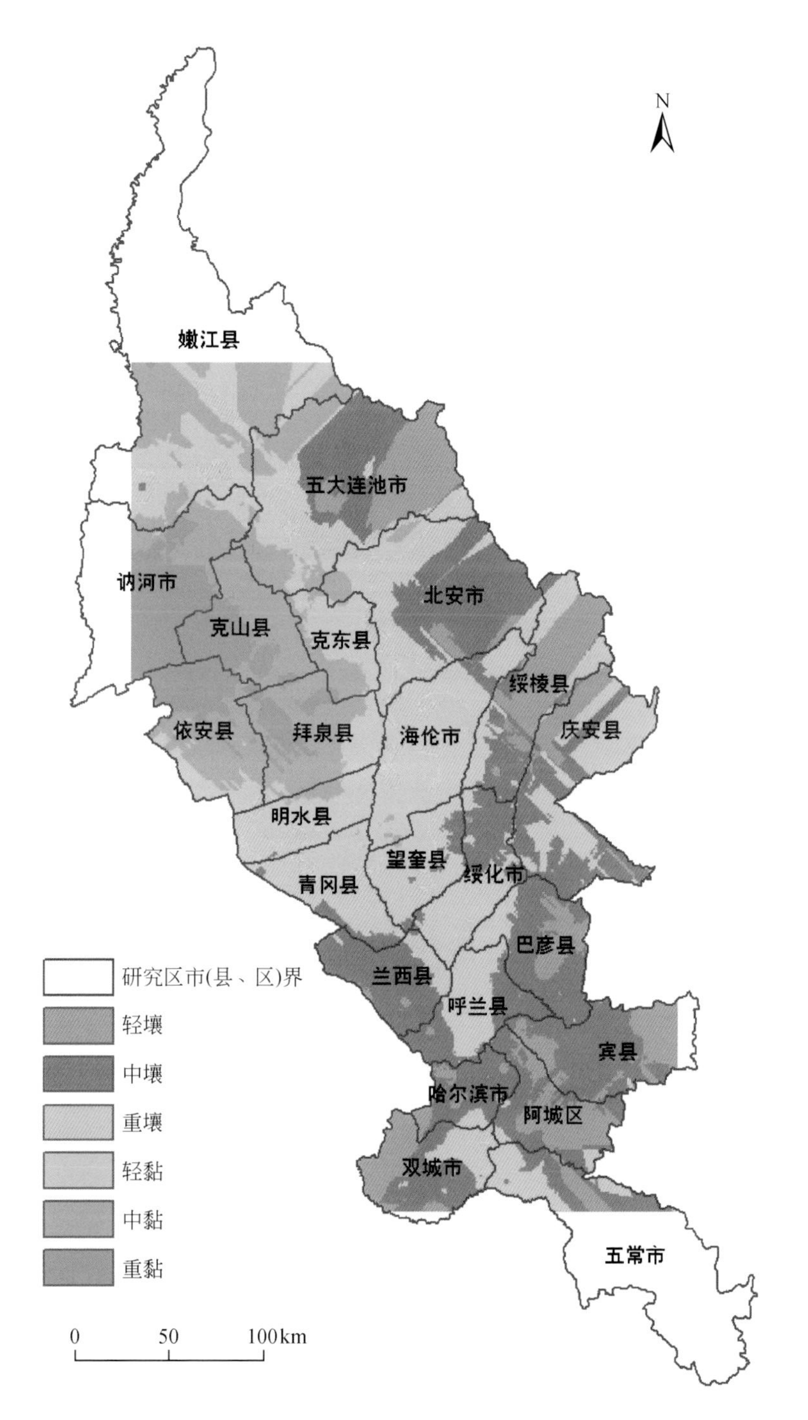

图 2.32 松嫩平原黑土带土壤质地分布

数据来自中国科学院东北地理与农业生态研究所黑土退化与修复学科组 2002 年秋季黑土区采样调查。图中行政区划名称为 2000 年区划，具体可参考《中华人民共和国行政区划简册》（中华人民共和国民政部，2010），其中呼兰县已于 2004 年撤县为区，阿城区已于 2006 处撤市为区，双城市已于 2014 年撤市为区

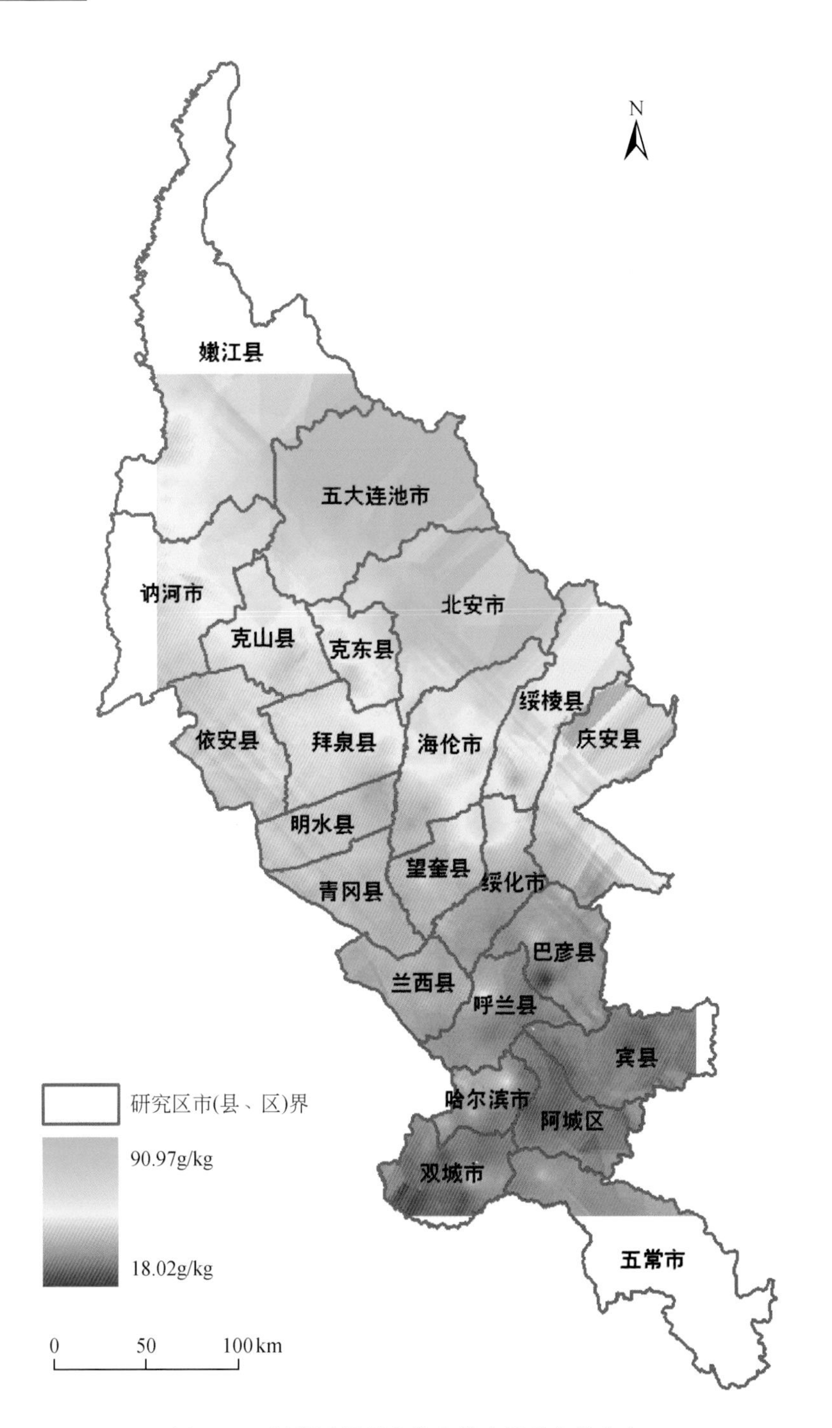

图 2.33　松嫩平原黑土带土壤有机质含量分布

数据来自中国科学院东北地理与农业生态研究所黑土退化与修复学科组 2002 年秋季黑土区采样调查。图中行政区划名称为 2000 年区划，具体可参考《中华人民共和国行政区划简册》（中华人民共和国民政部，2010），其中呼兰县已于 2004 年撤县为区，阿城区已于 2006 处撤市为区，双城市已于 2014 年撤市为区

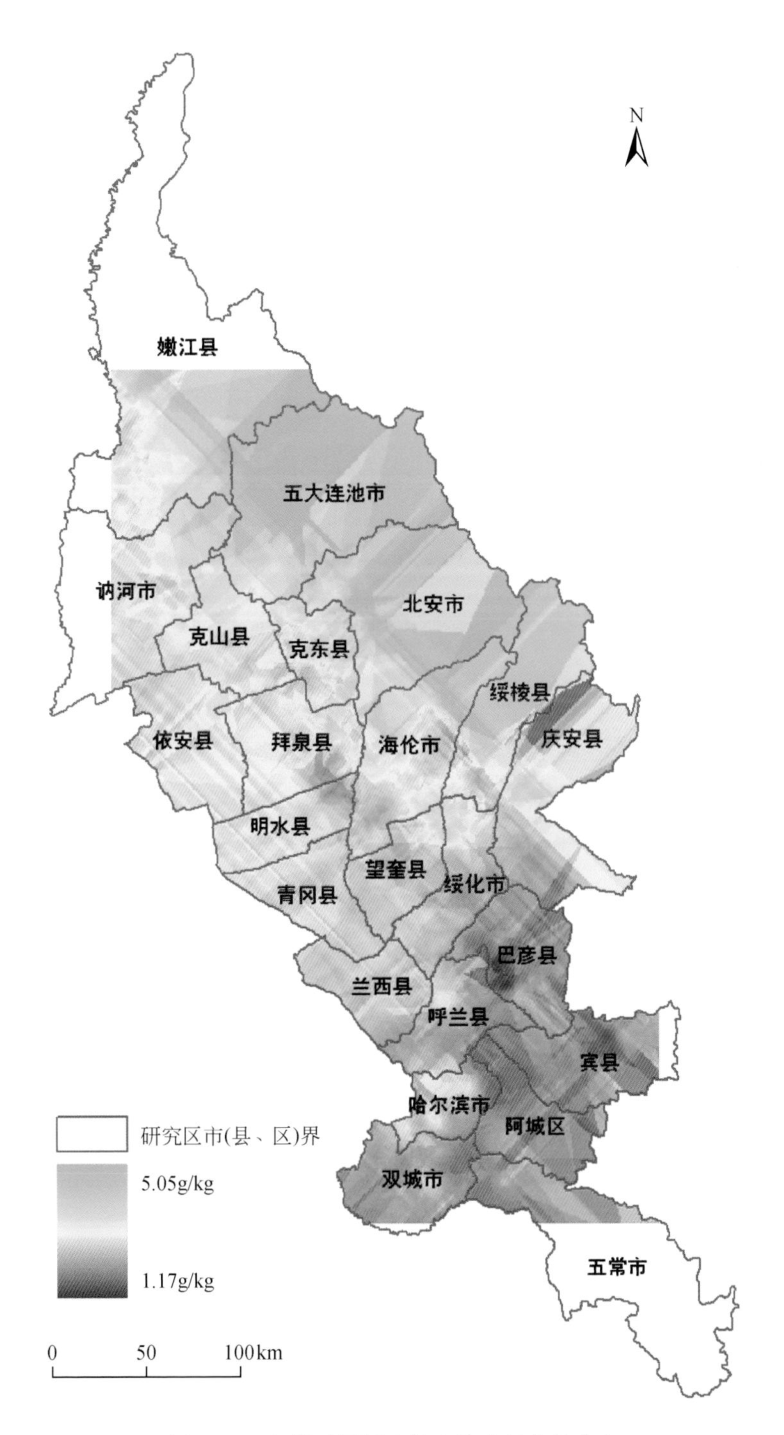

图 2.34 松嫩平原黑土带土壤全氮含量分布

数据来自中国科学院东北地理与农业生态研究所黑土退化与修复学科组 2002 年秋季黑土区采样调查。图中行政区划名称为 2000 年区划，具体可参考《中华人民共和国行政区划简册》（中华人民共和国民政部，2010），其中呼兰县已于 2004 年撤县为区，阿城区已于 2006 处撤市为区，双城市已于 2014 年撤市为区

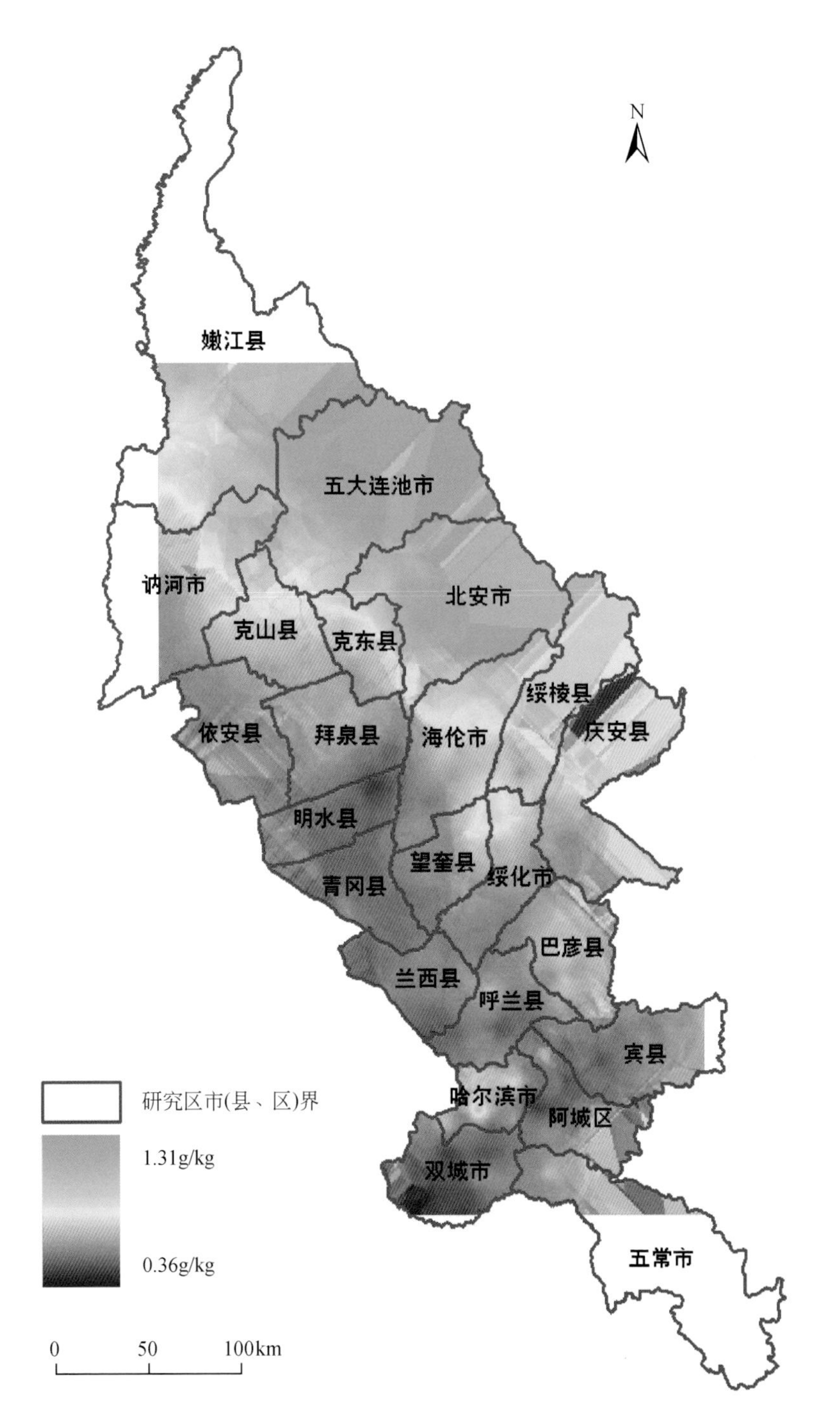

图 2.35　松嫩平原黑土带土壤全磷含量分布

数据来自中国科学院东北地理与农业生态研究所黑土退化与修复学科组 2002 年秋季黑土区采样调查。图中行政区划名称为 2000 年区划，具体可参考《中华人民共和国行政区划简册》（中华人民共和国民政部，2010），其中呼兰县已于 2004 年撤县为区，阿城区已于 2006 处撤市为区，双城市已于 2014 年撤市为区

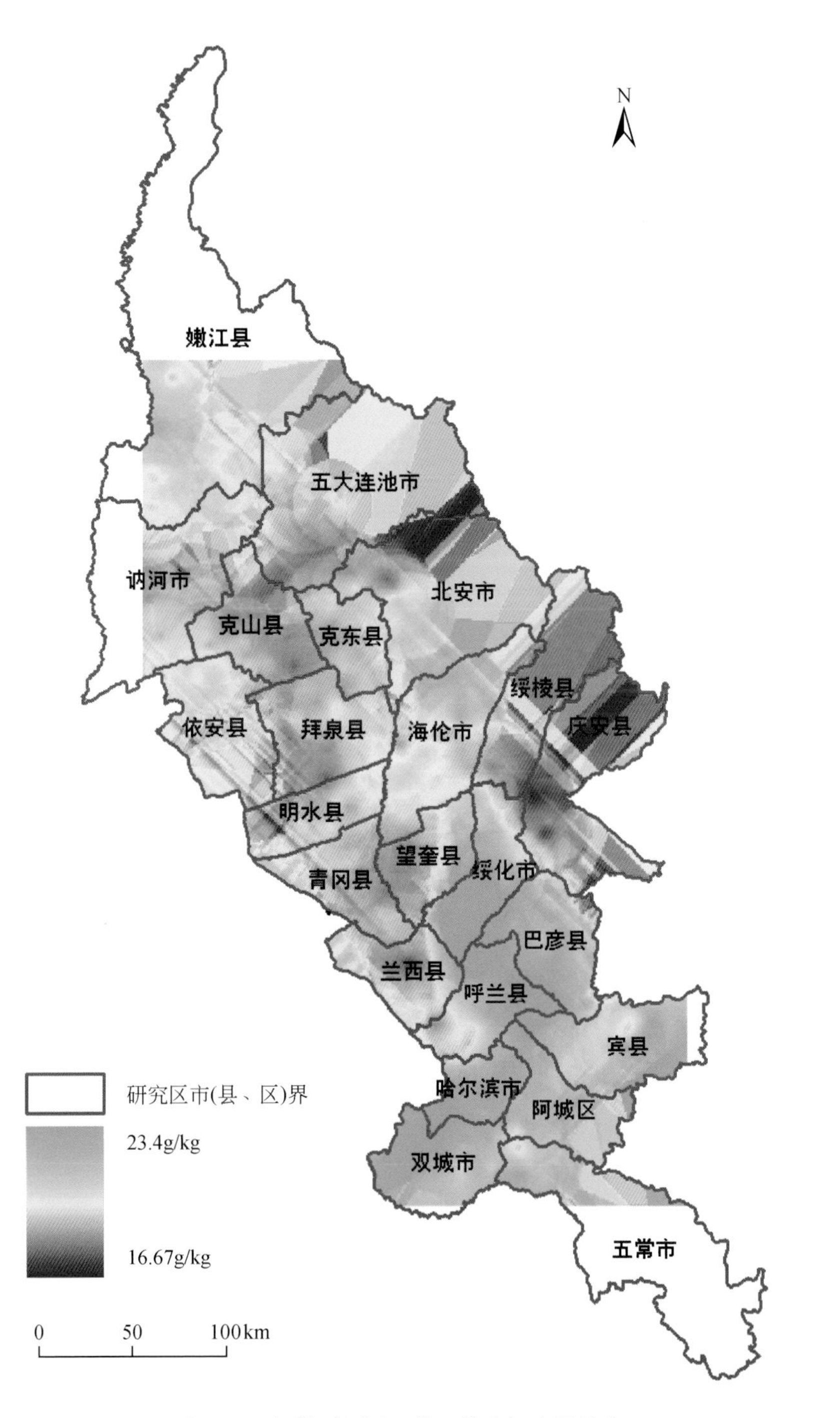

图 2.36　松嫩平原黑土带土壤全钾含量分布

数据来自中国科学院东北地理与农业生态研究所黑土退化与修复学科组 2002 年秋季黑土区采样调查。图中行政区划名称为 2000 年区划，具体可参考《中华人民共和国行政区划简册》（中华人民共和国民政部，2010），其中呼兰县已于 2004 年撤县为区，阿城区已于 2006 处撤市为区，双城市已于 2014 年撤市为区

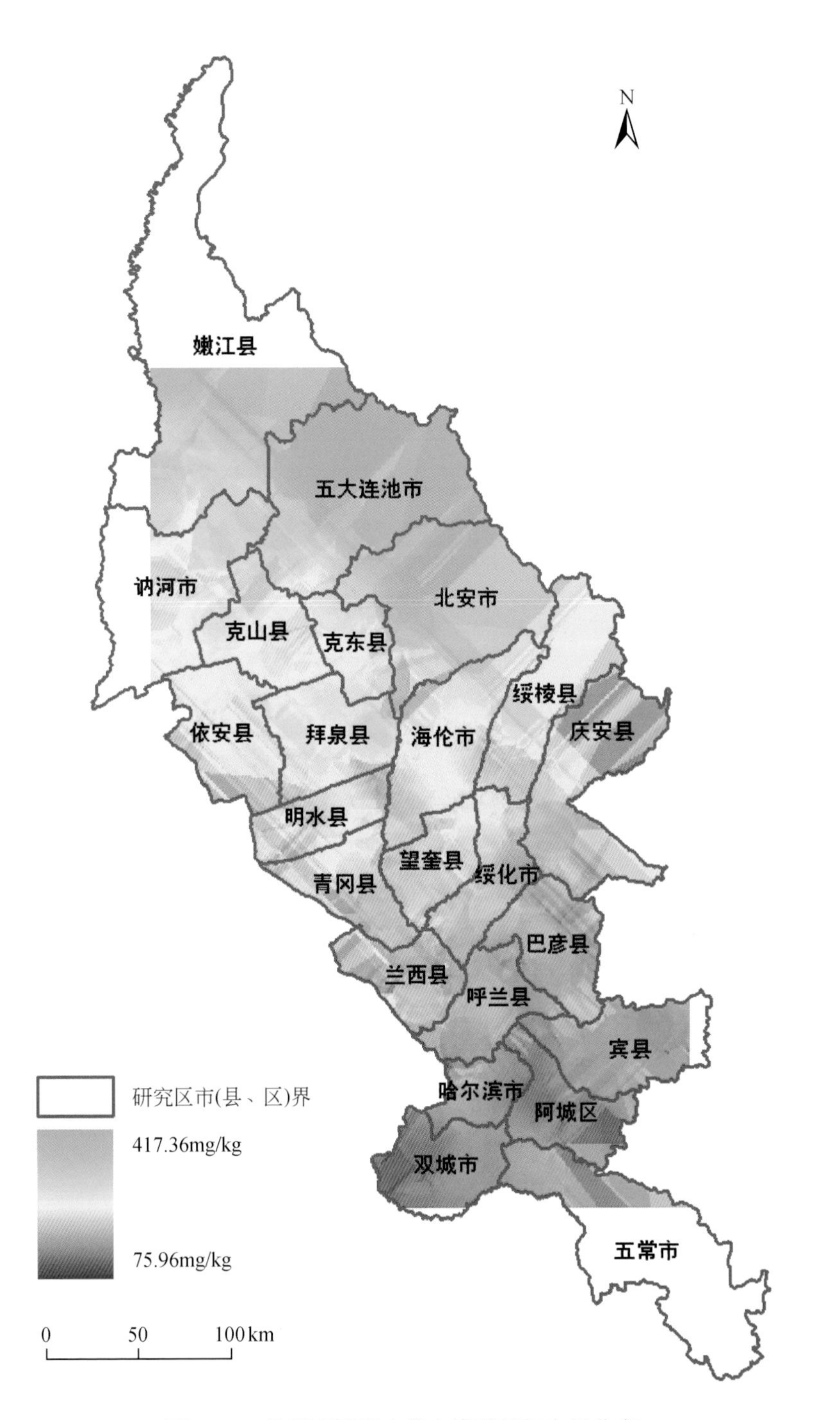

图 2.37　松嫩平原黑土带土壤碱解氮含量分布

数据来自中国科学院东北地理与农业生态研究所黑土退化与修复学科组 2002 年秋季黑土区采样调查。图中行政区划名称为 2000 年区划，具体可参考《中华人民共和国行政区划简册》（中华人民共和国民政部，2010），其中呼兰县已于 2004 年撤县为区，阿城区已于 2006 处撤市为区，双城市已于 2014 年撤市为区

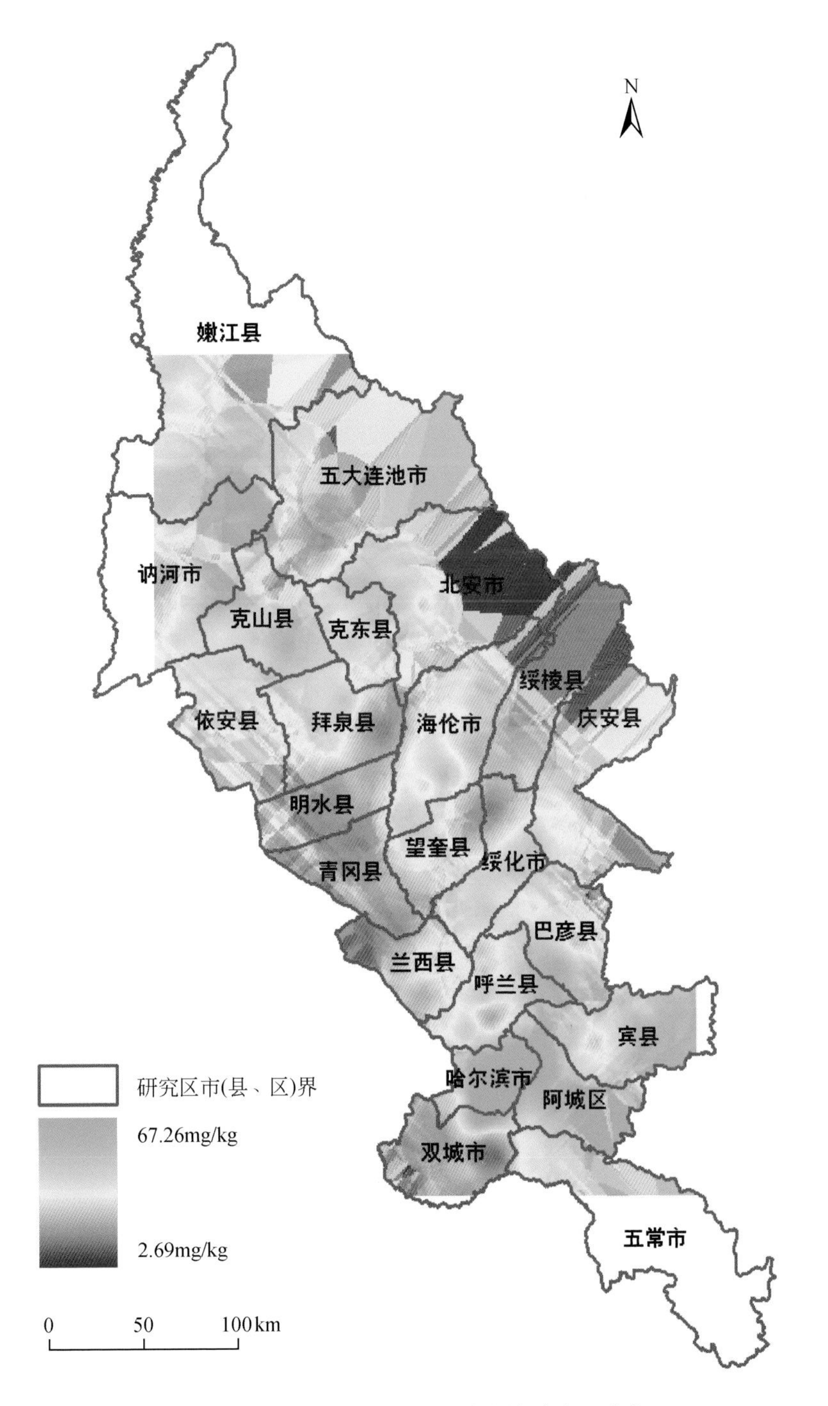

图 2. 38 松嫩平原黑土带土壤有效磷含量分布

数据来自中国科学院东北地理与农业生态研究所黑土退化与修复学科组 2002 年秋季黑土区采样调查。图中行政区划名称为 2000 年区划，具体可参考《中华人民共和国行政区划简册》（中华人民共和国民政部，2010），其中呼兰县已于 2004 年撤县为区，阿城区已于 2006 处撤市为区，双城市已于 2014 年撤市为区

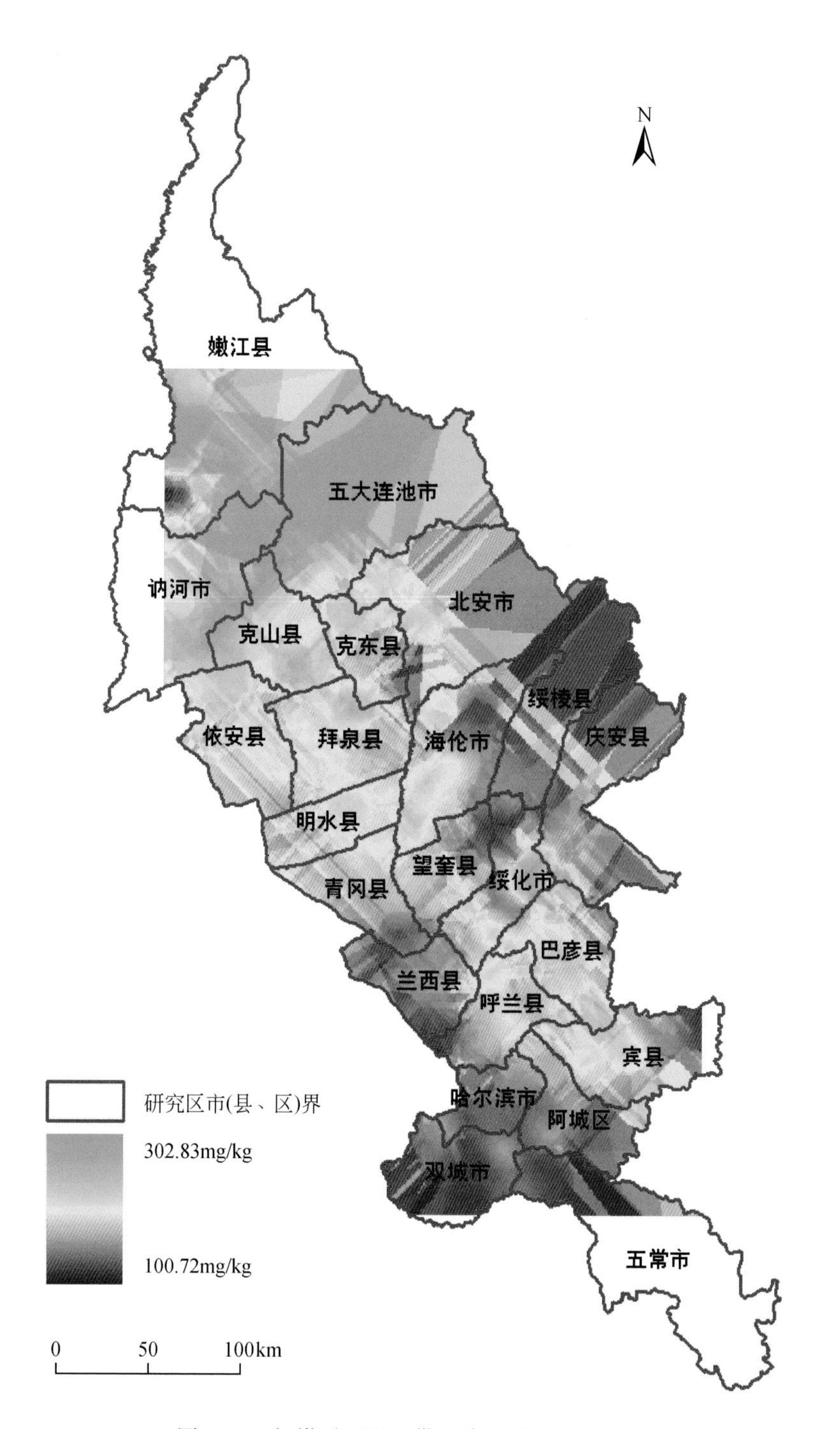

图 2.39　松嫩平原黑土带土壤速效钾含量分布

数据来自中国科学院东北地理与农业生态研究所黑土退化与修复学科组 2002 年秋季黑土区采样调查。图中行政区划名称为 2000 年区划，具体可参考《中华人民共和国行政区划简册》（中华人民共和国民政部，2010），其中呼兰县已于 2004 年撤县为区，阿城区已于 2006 处撤市为区，双城市已于 2014 年撤市为区

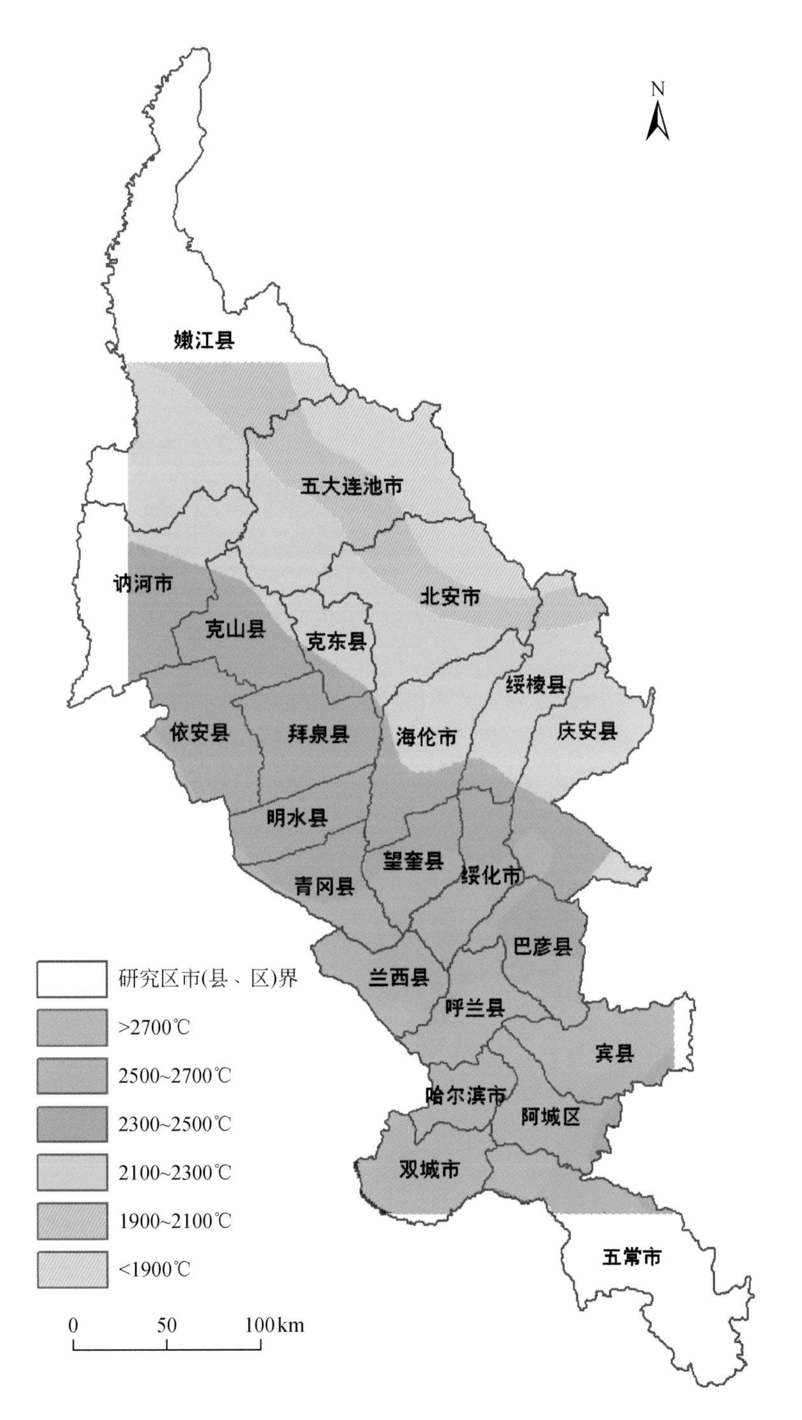

图 2.40 松嫩平原黑土带积温

数据来自中国科学院东北地理与农业生态研究所黑土退化与修复学科组 2002 年秋季黑土区采样调查。图中行政区划名称为 2000 年区划，具体可参考《中华人民共和国行政区划简册》（中华人民共和国民政部，2010），其中呼兰县已于 2004 年撤县为区，阿城区已于 2006 处撤市为区，双城市已于 2014 年撤市为区

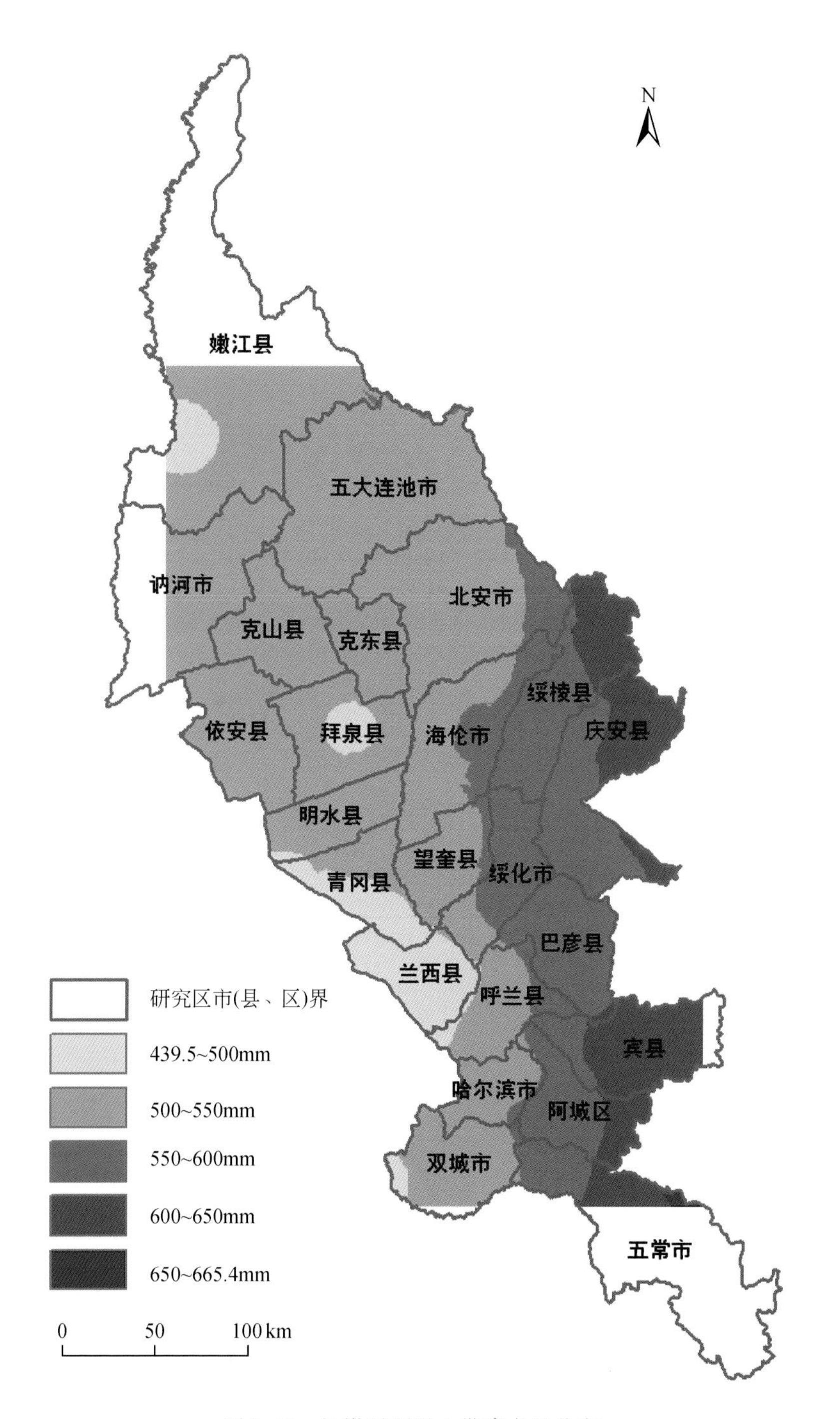

图 2.41　松嫩平原黑土带降水量分布

根据研究区 23 个国家气象站点 1993～2002 年的气象观测数据，计算得出各气象监测站的多年平均降水量，采用普通克里格法进行空间插值，输出栅格单元大小为 5km 的栅格图。图中行政区划名称为 2000 年区划，具体可参考《中华人民共和国行政区划简册》（中华人民共和国民政部，2010），其中呼兰县已于 2004 年撤县为区，阿城区已于 2006 处撤市为区，双城市已于 2014 年撤市为区

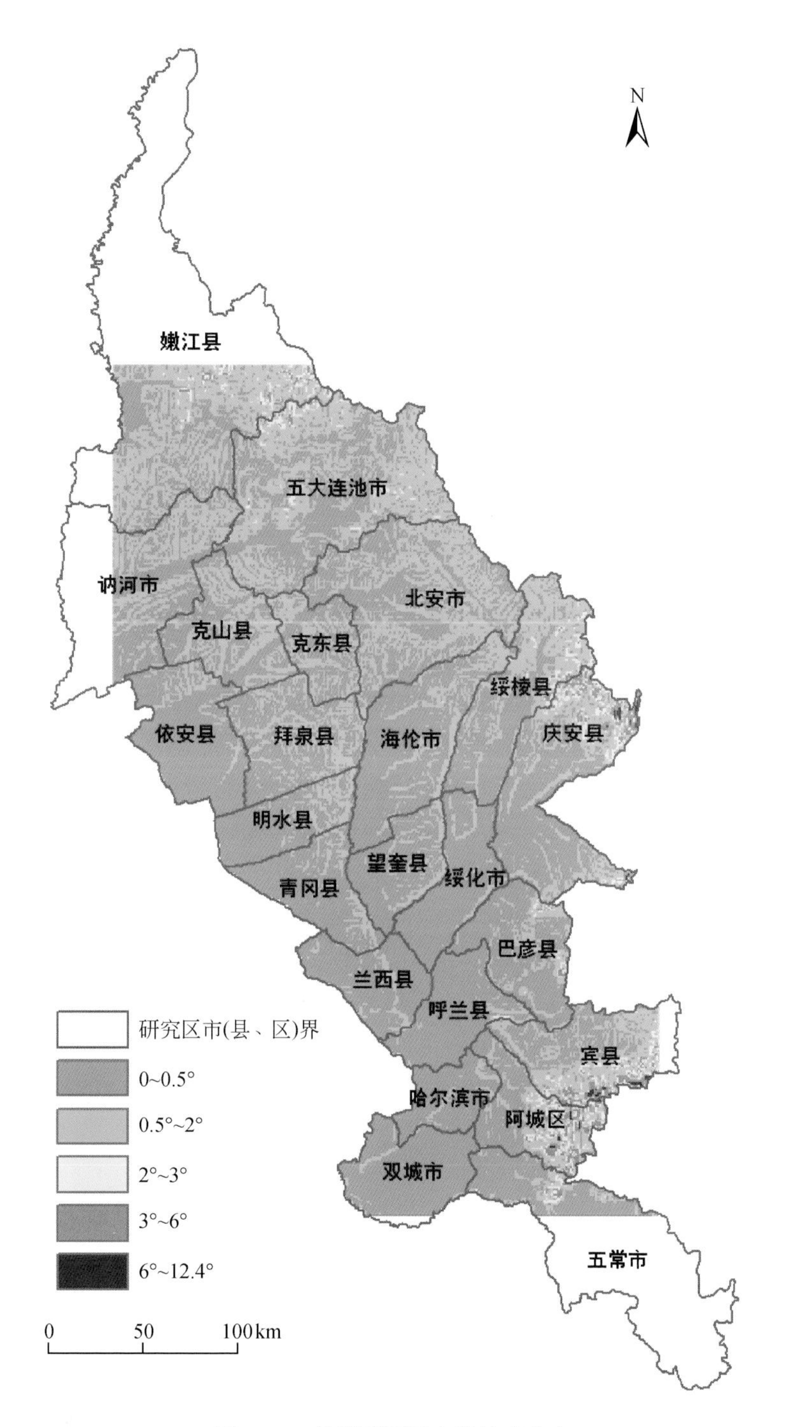

图 2.42 松嫩平原黑土带坡度分布

根据 90m 分辨率的 SRTM 数据综合处理。图中行政区划名称为 2000 年区划，具体可参考《中华人民共和国行政区划简册》(中华人民共和国民政部，2010)，其中呼兰县已于 2004 年撤县为区，阿城区已于 2006 年撤市为区，双城市已于 2014 年撤市为区

四、黑土区典型田块

为深入地了解东北农田黑土现状，2017 年 5 月，中国科学院东北地理与农业生态研究所黑土退化与修复学科组对典型黑土区农田景观和土壤耕层状况按照分布区域由南向北进行了调查（图 2.43），五角星为采样点，并采集了耕层为 0～20cm 的土壤样品，对吉林省、黑龙江省境内 11 个典型田块调查并采样测定土壤碳氮含量（图 2.44）。

图 2.44 包含了 11 个典型采样区采样地点、农田景观、土壤耕层状况并附有碳氮含量。有吉林省梨树县、吉林省公主岭市、吉林省德惠市、黑龙江省双城区、黑龙江省呼兰区、黑龙江省巴彦县、黑龙江省望奎县、黑龙江省海伦市、黑龙江省北安市、黑龙江省五大连池市、黑龙江省嫩江县。

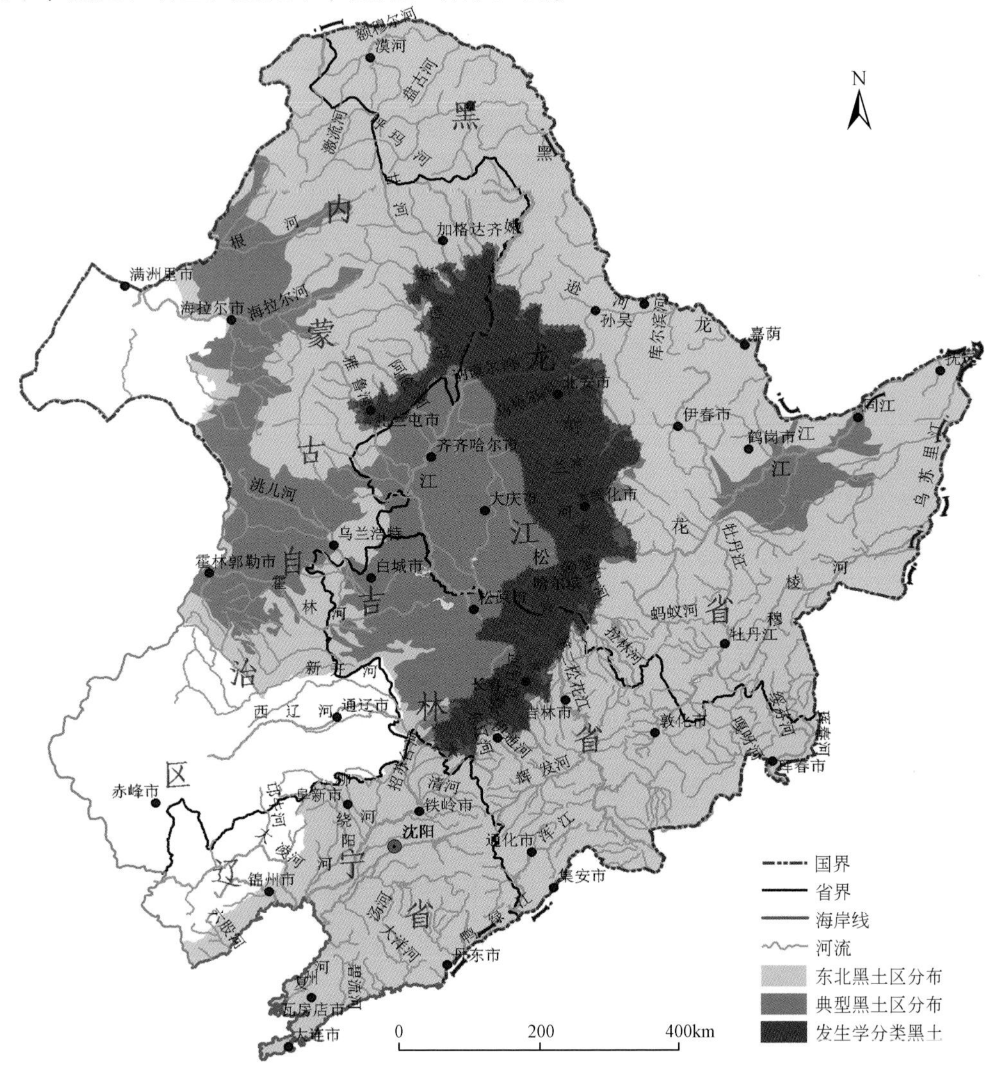

图 2.43 东北黑土区农田调查样点

根据 2017 年中国科学院东北地理与农业生态研究所黑土退化与修复学科组采样设计作图

吉林省梨树县农田（有机质为21.3g/kg，全氮为1.04g/kg）

耕层剖面

(a) 吉林省梨树县（43°18′13.13″N，124°25′2.32″E）

吉林省公主岭市农田（有机质为26.8g/kg，全氮为1.18g/kg）

耕层剖面

(b) 吉林省公主岭市（43°32′49.37″N，124°52′43.44″E）

吉林省德惠市农田（有机质为26.2g/kg，全氮为1.47g/kg）

耕层剖面

(c) 吉林省德惠市（44°29′9.66″N，125°37′46.70″E）

黑龙江省双城区农田（有机质为30.2g/kg，全氮为1.43g/kg）

耕层剖面

(d) 黑龙江省双城区（45°23′19.07″N，126°23′57.36″E）

黑龙江省呼兰区农田（有机质为32.3g/kg，全氮为2.80g/kg）

耕层剖面

(e) 黑龙江省呼兰区（46°2′28.64″N，126°35′59.84″E）

黑龙江省巴彦县农田（有机质为35.2g/kg，全氮为1.69g/kg）

耕层剖面

(f) 黑龙江省巴彦县（46°22′39.43″N，126°55′59.13″E）

黑龙江省望奎县农田（有机质为36.3g/kg，全氮为1.58g/kg）

耕层剖面

(g) 黑龙江省望奎县（46°47′47.83″N，126°50′12.11″E）

黑龙江省海伦市农田（有机质为36.8g/kg，全氮为1.70g/kg）

耕层剖面

(h) 黑龙江省海伦市（47°19′15.54″N，126°54′30.21″E）

黑龙江省北安市农田（有机质为57.5g/kg，全氮为2.64g/kg）

耕层剖面

(i) 黑龙江省北安市（48°2′30.07″N，126°45′57.44″E）

黑龙江省五大连池市农田（有机质为69.0g/kg，全氮为3.23g/kg）

耕层剖面

(j) 黑龙江省五大连池市（48°27′23.81″N，126°16′38.71″E）

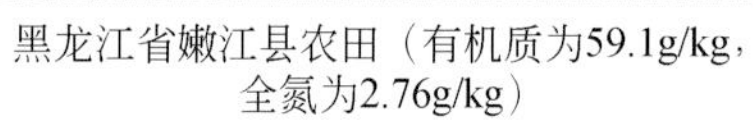

黑龙江省嫩江县农田（有机质为59.1g/kg，全氮为2.76g/kg）

耕层剖面

(k) 黑龙江省嫩江县（48°55′11.80″N，126°1′41.29″E）

图 2.44　典型黑土区坡面土壤碳氮含量

根据 2017 年中国科学院东北地理与农业生态研究所黑土退化与修复学科组采样照片和采样化验分析结果

第三章　典型市（县）黑土

第一节　黑土核心区海伦市黑土

海伦市位于黑龙江省典型黑土带中部，地理位置为46°58′N～47°52′N，126°14′E～127°45′E，海伦市距离省会哈尔滨市225km。全境从东北到西南较长，为150km；南北较窄，为78km（图3.1）。在地貌上是小兴安岭山地向松嫩平原的过渡地带，属松嫩平原的一部分。地势从东北到西南，由低丘陵、高平原、河阶地、河漫滩依次呈阶梯形逐渐降低。海拔最高为471m，最低为147m，一般为200m左右。境内多为波状起伏的漫川漫岗，2003年水土流失面积为16.4万hm^2。

海伦市地处黑龙江省第三积温带，属温带大陆性季风气候，无霜期为110～125d，全年日照时数为2600～2800h，太阳总辐射量为111.32$kcal/cm^2$①，年平均气温为2.5℃，全年无霜期为130d左右，年降水量为500～600mm，88%的降水集中在5～9月，有效积温为2300～2600℃，雨热同期，有利于大豆、玉米、马铃薯等农作物生产。

2010年，海伦市辖区面积为4667km^2，其中耕地面积为29.5万hm^2，占土地总面积的63.3%；园地面积为82.8hm^2，占土地总面积的0.017%；林地面积为6.1万hm^2，占土地总面积的13.1%；牧草地面积为1933.3hm^2，占土地总面积的0.415%；人均耕地面积为0.37hm^2。黑土是海伦市的主要土类（图3.2和图3.3），广泛分布于全市（县）的高平原地带，占土地总面积的63.4%，土质疏松、多孔、团粒结构良好，腐殖质多，有较好的透水性和保水性，潜在肥力很大，为各种作物生长提供了极为有利的条件。

由于土地利用方式和管理方式的变化（图3.4～图3.6），海伦市黑土过去30a的土壤有机质含量、全量养分和速效养分含量都发生了很大改变（图3.7和图3.8）。

经中国地质调查局2011年测定，海伦市域内黑土硒含量为0.175～0.400mg/kg，按照0.175～0.325mg/kg为足硒土壤，0.325～0.400mg/kg为富硒土壤的标准，海

① 1cal_{th}（热化学卡）=4.184J。

伦市黑土硒含量在0.325～0.400mg/kg以上的土壤面积有14.9万hm^2（全国72%以上的国土都属于贫硒或缺硒土壤），即占全市耕地面积的48.2%以上的土壤为富硒土壤，由此海伦市被称为“硒土之都”。

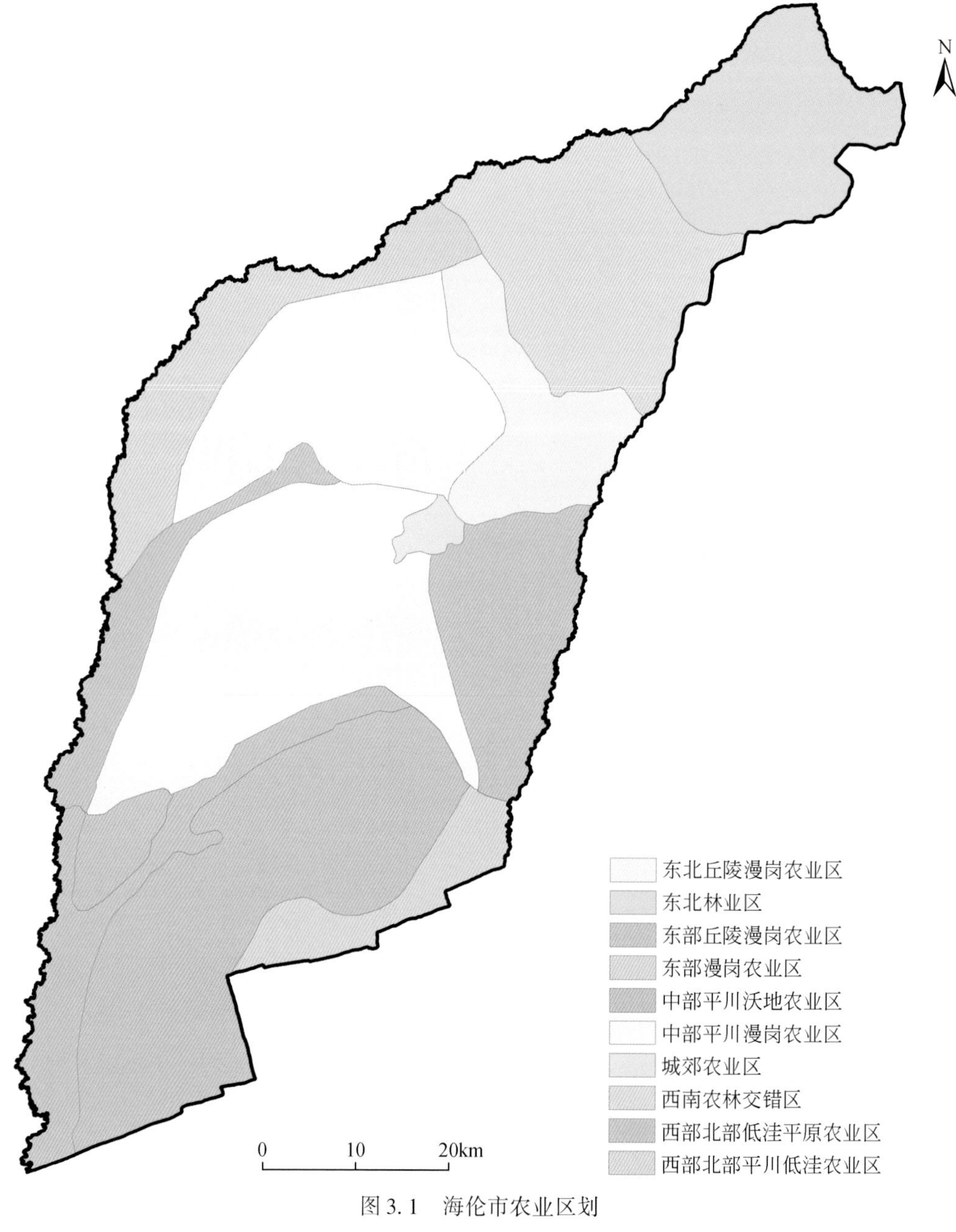

图3.1　海伦市农业区划

引自《海伦县自然资源综合考察报告集》，黑龙江省海伦县自然资源综合考察队，1978年出版

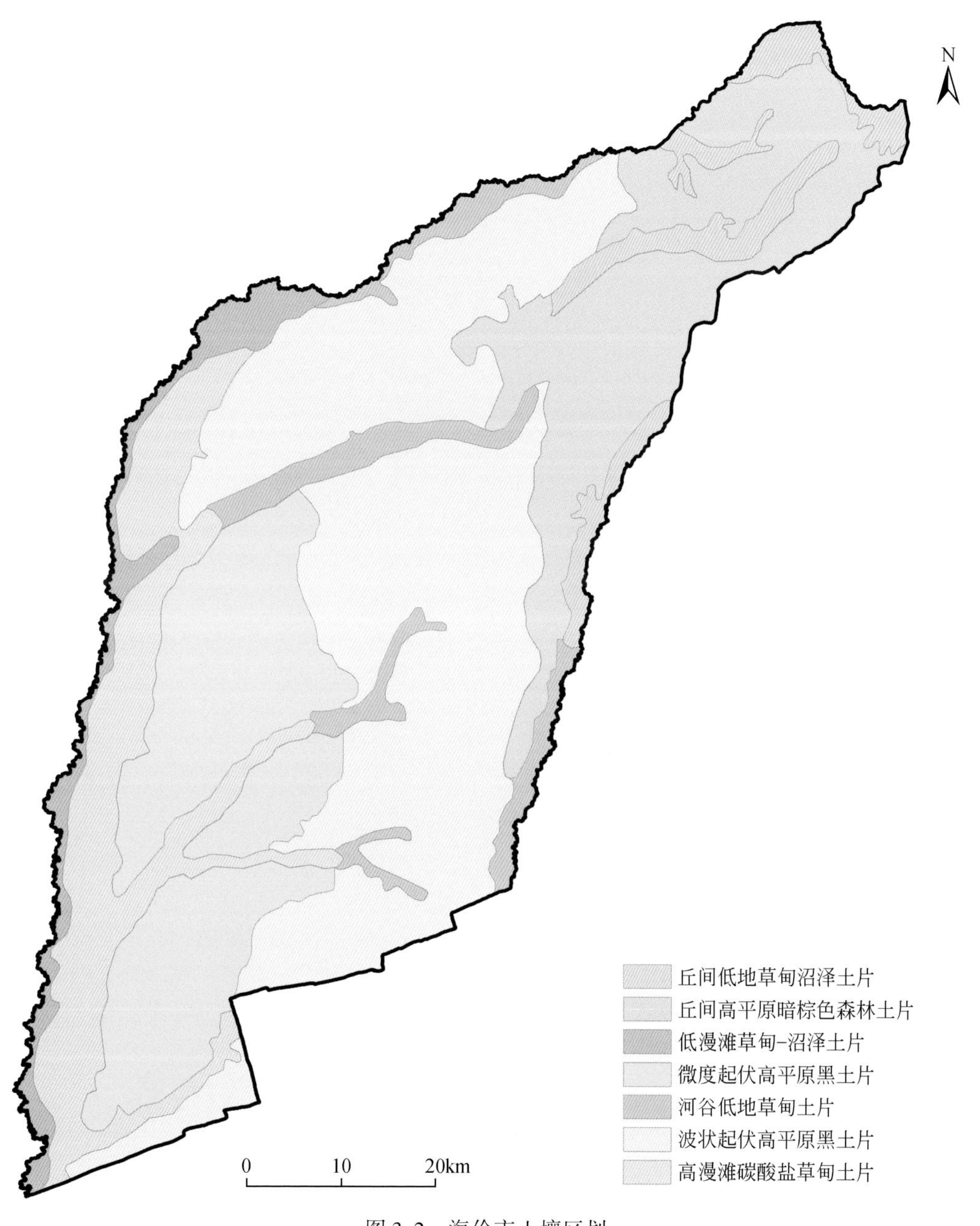

图 3.2　海伦市土壤区划

引自《海伦县自然资源综合考察报告集》，黑龙江省海伦县自然资源综合考察队，1978 年出版

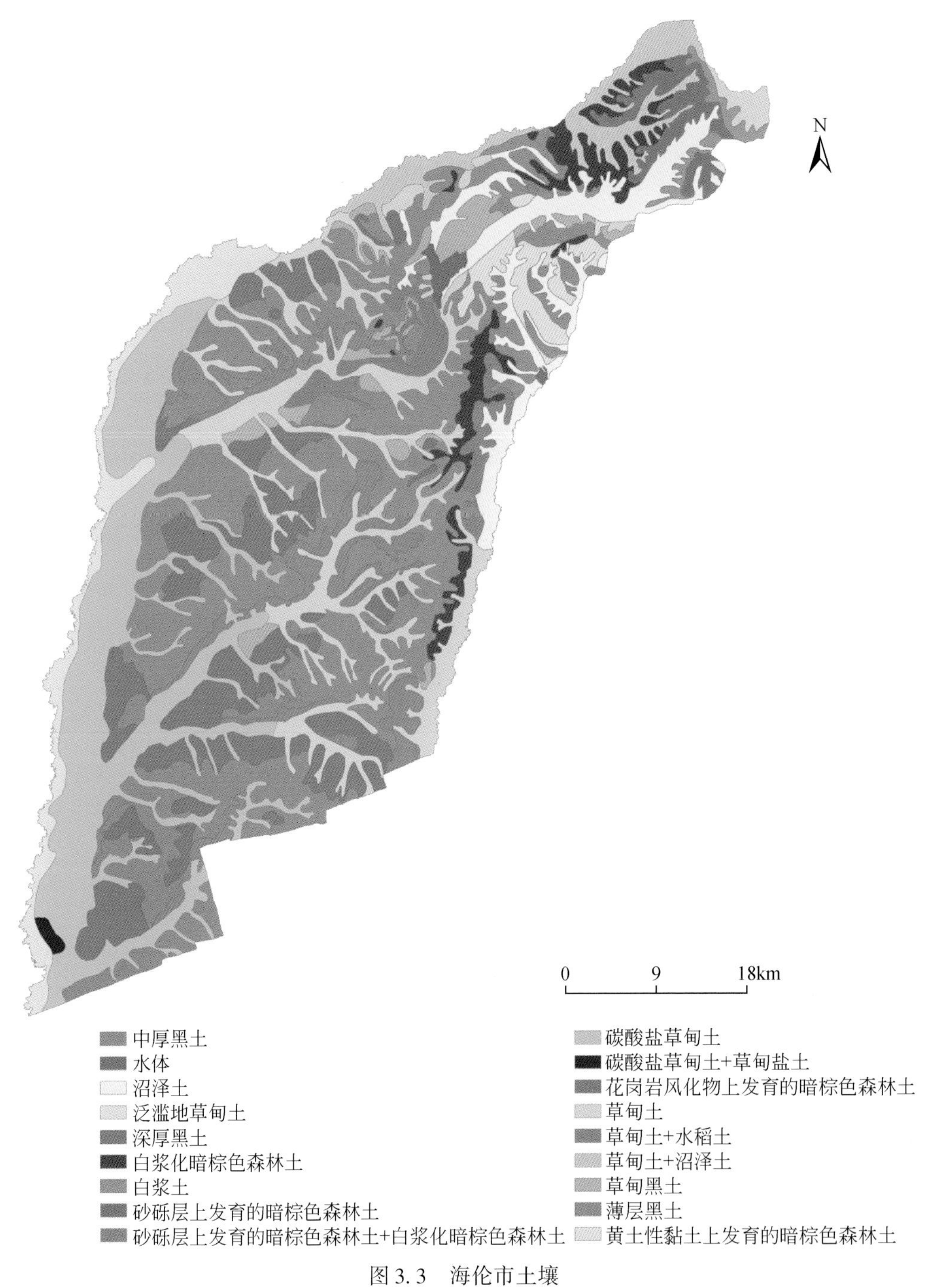

图 3.3 海伦市土壤

引自《海伦县自然资源综合考察报告集》，黑龙江省海伦县自然资源综合考察队，

1978 年出版

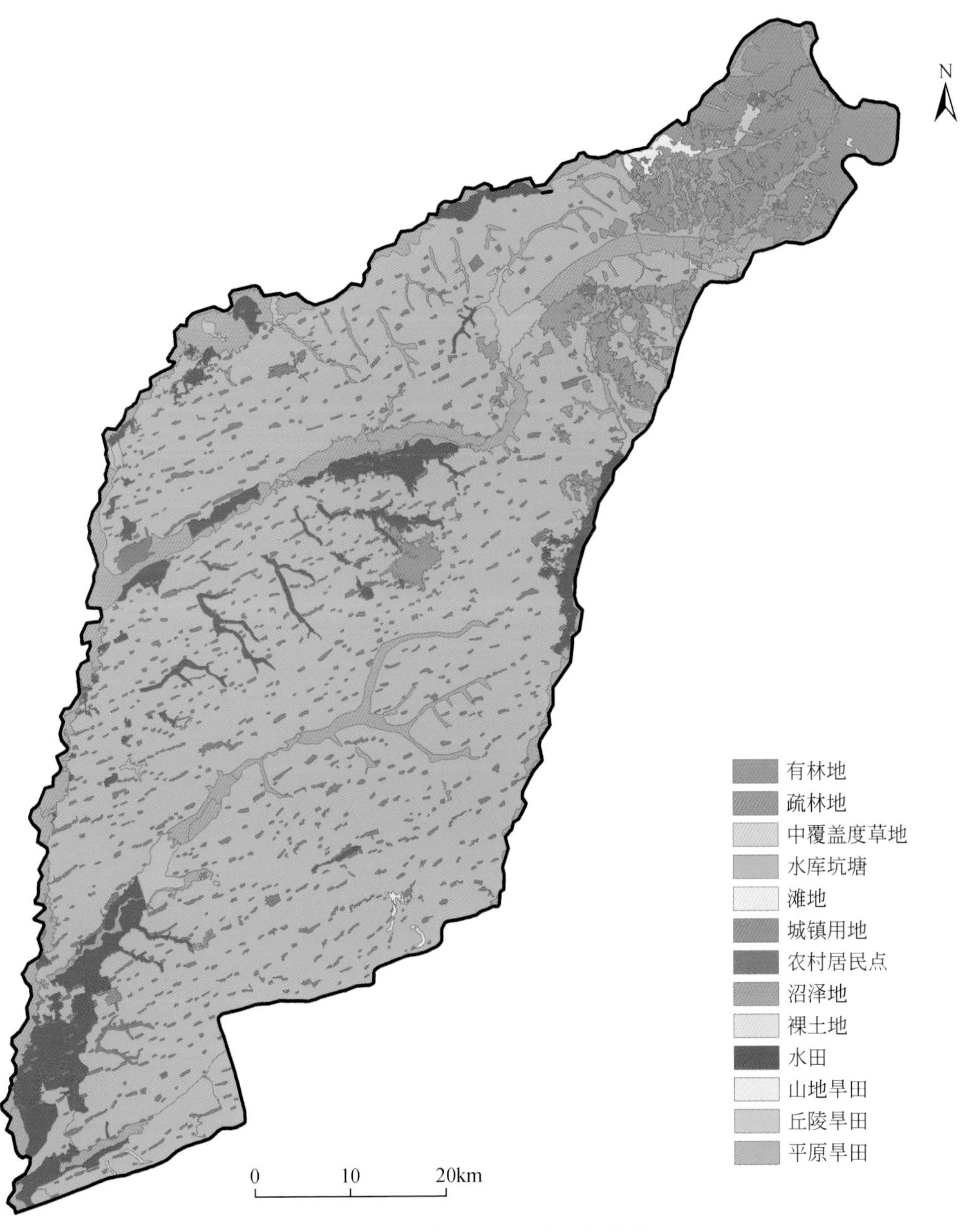

图 3.4 海伦市 2010 年土地利用

引自 2000 年 Landsat TM 土地利用遥感解译数据

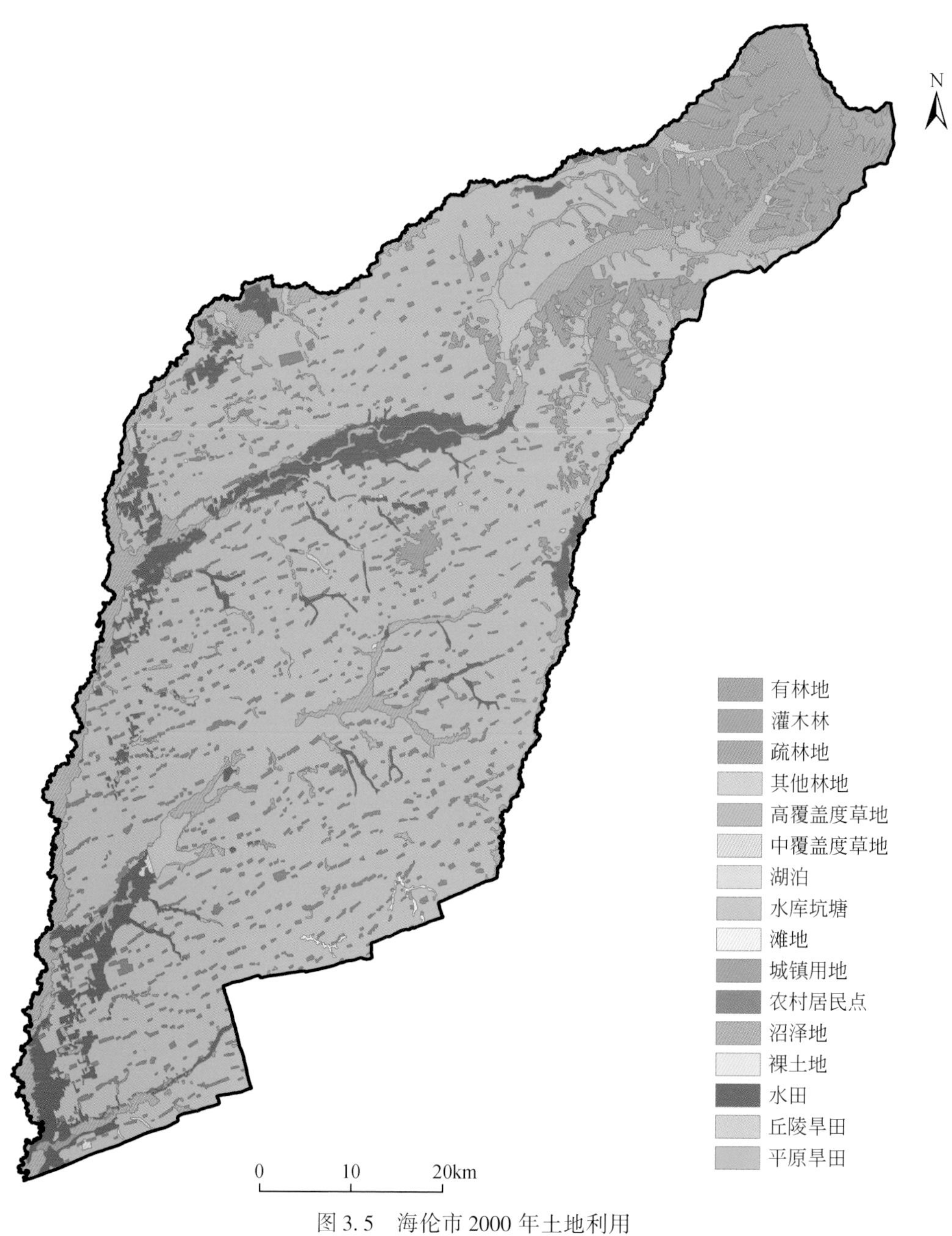

图 3.5 海伦市 2000 年土地利用

引自 2000 年 Landsat TM 土地利用遥感解译数据

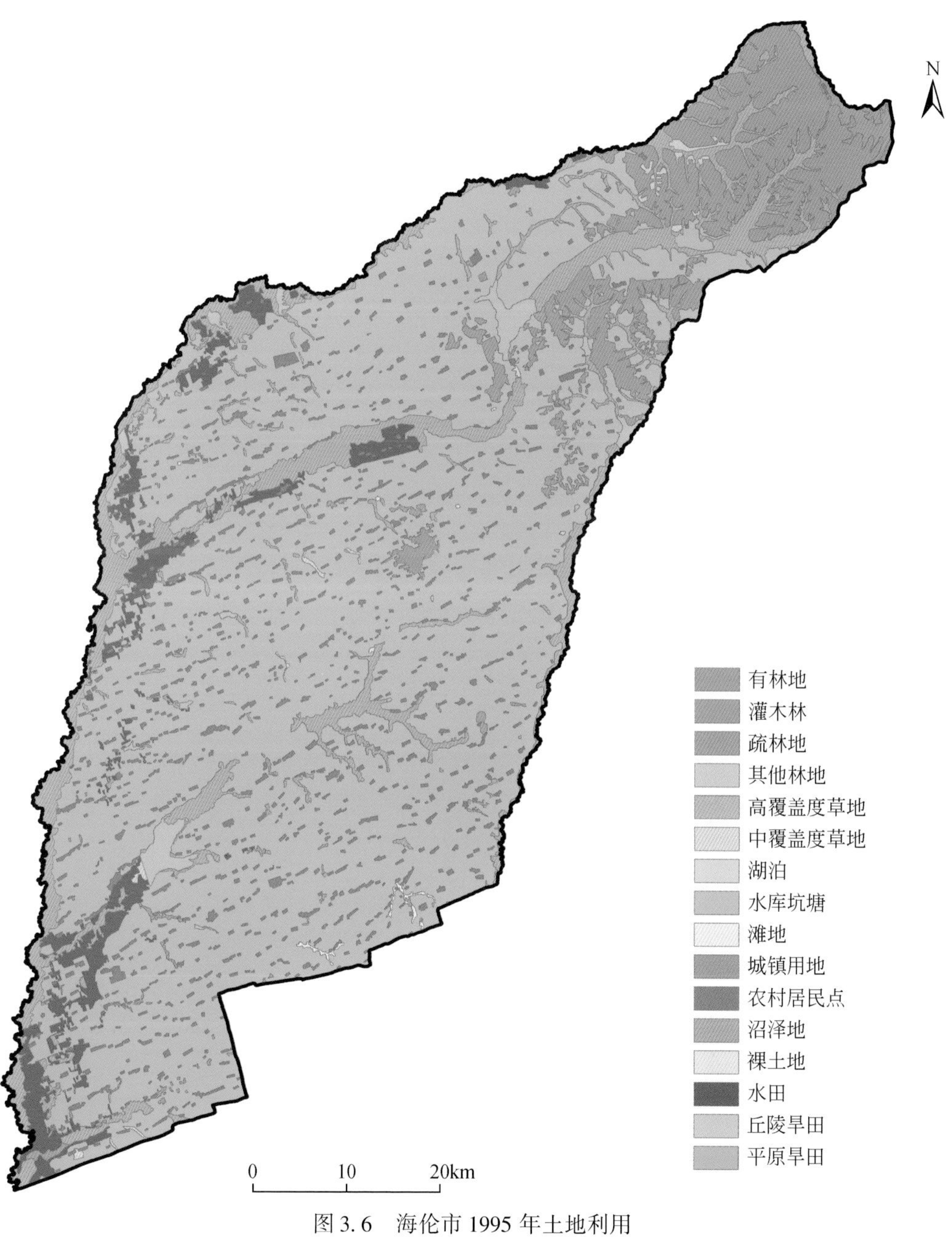

图3.6 海伦市1995年土地利用

引自1995年Landsat TM土地利用遥感解译数据

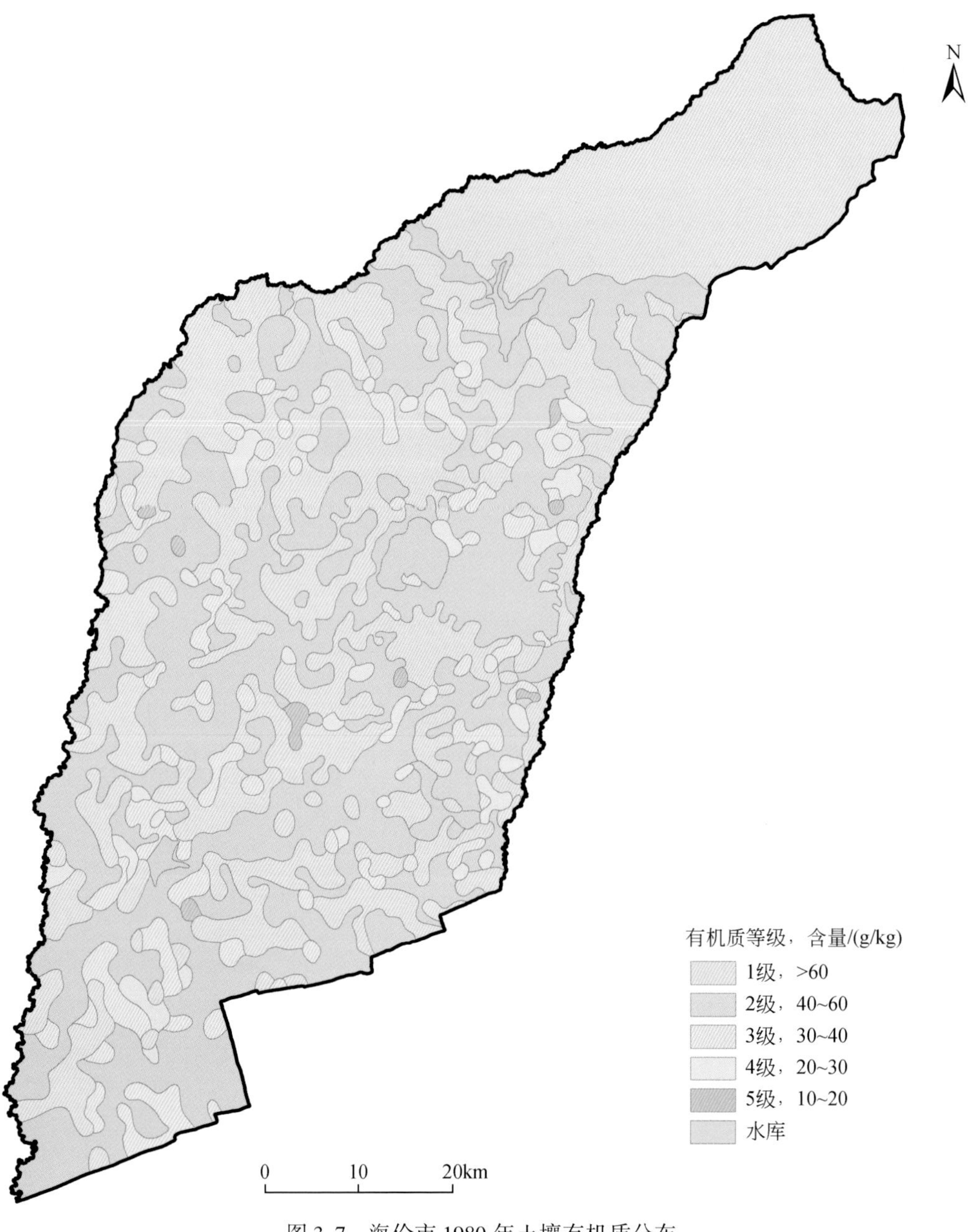

图 3.7　海伦市 1980 年土壤有机质分布

引自海伦县土壤普查办公室 1984 年数据

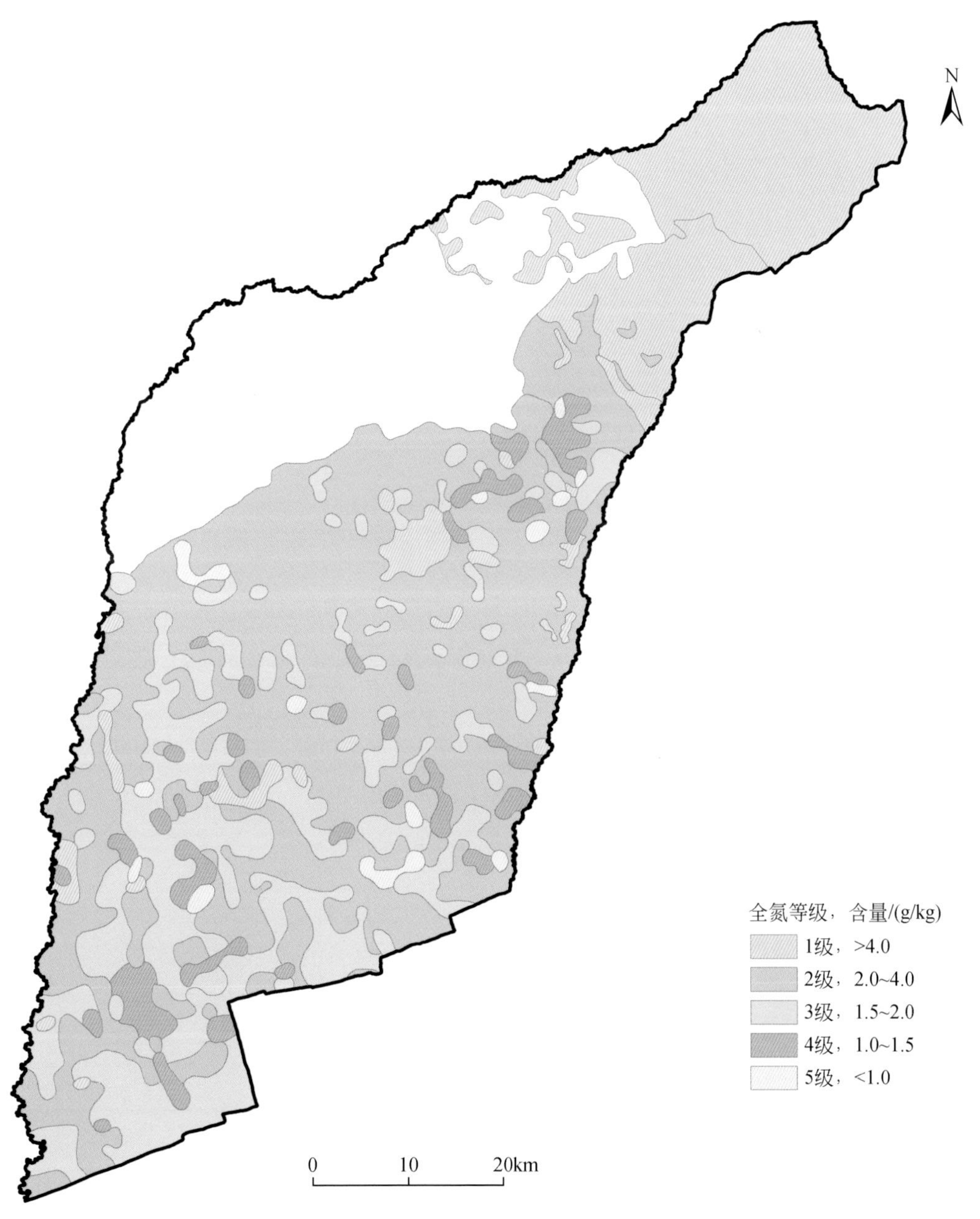

图 3.8　海伦市 1980 年土壤全氮分布

引自海伦县土壤普查办公室 1984 年数据（空白处无数据）

海伦市黑土的独特优势与其地貌、地下水开采条件、地质特性、水文地质和气候有关（图 3.9 ~ 图 3.14）。

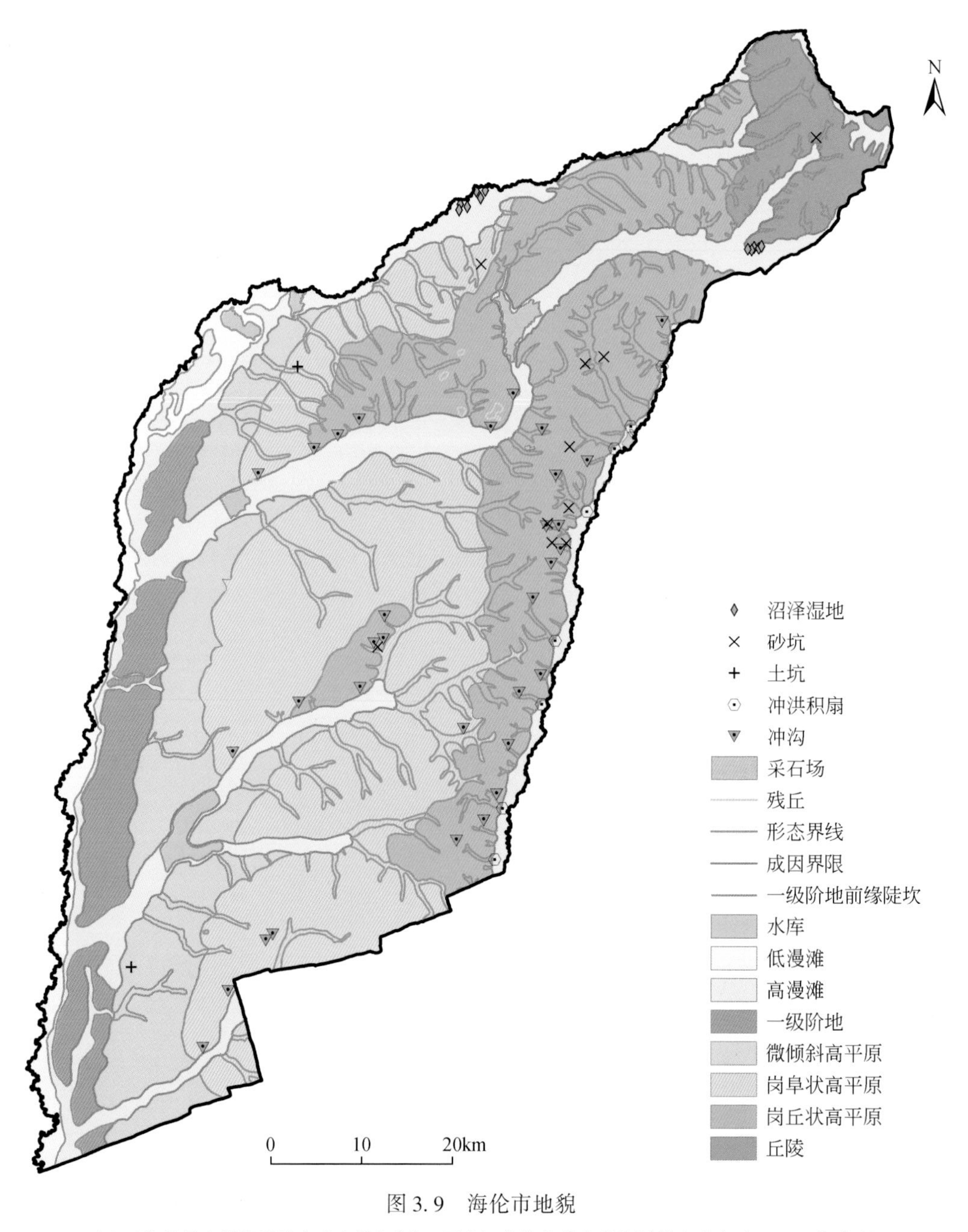

图 3.9　海伦市地貌

引自《海伦县自然资源综合考察报告集》，黑龙江省海伦县自然资源综合考察队，1978 年出版，结合区划图配准矢量化

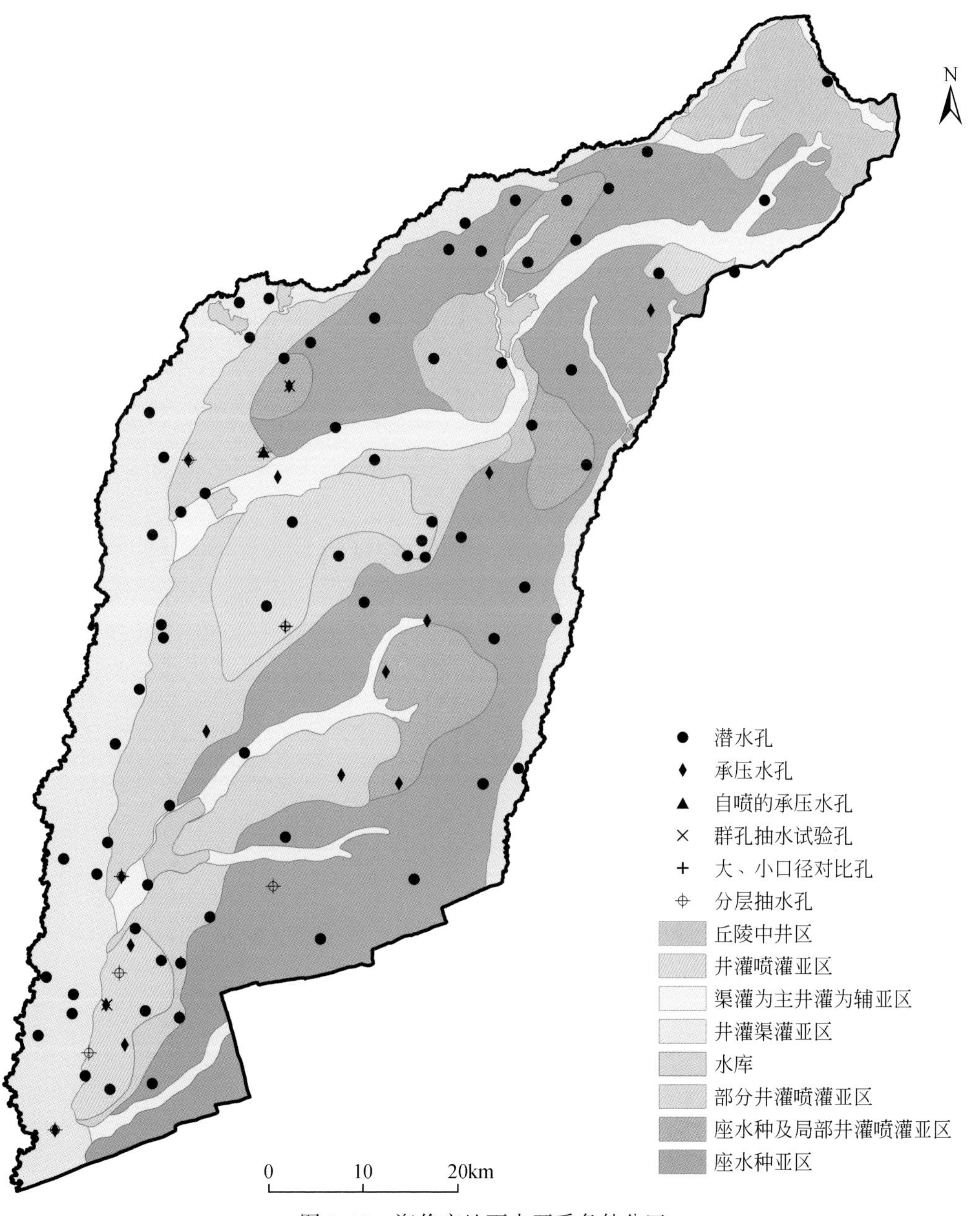

图 3.10 海伦市地下水开采条件分区

引自《海伦县自然资源综合考察报告集》，黑龙江省海伦县自然资源综合考察队，1978 年出版，结合区划图配准矢量化

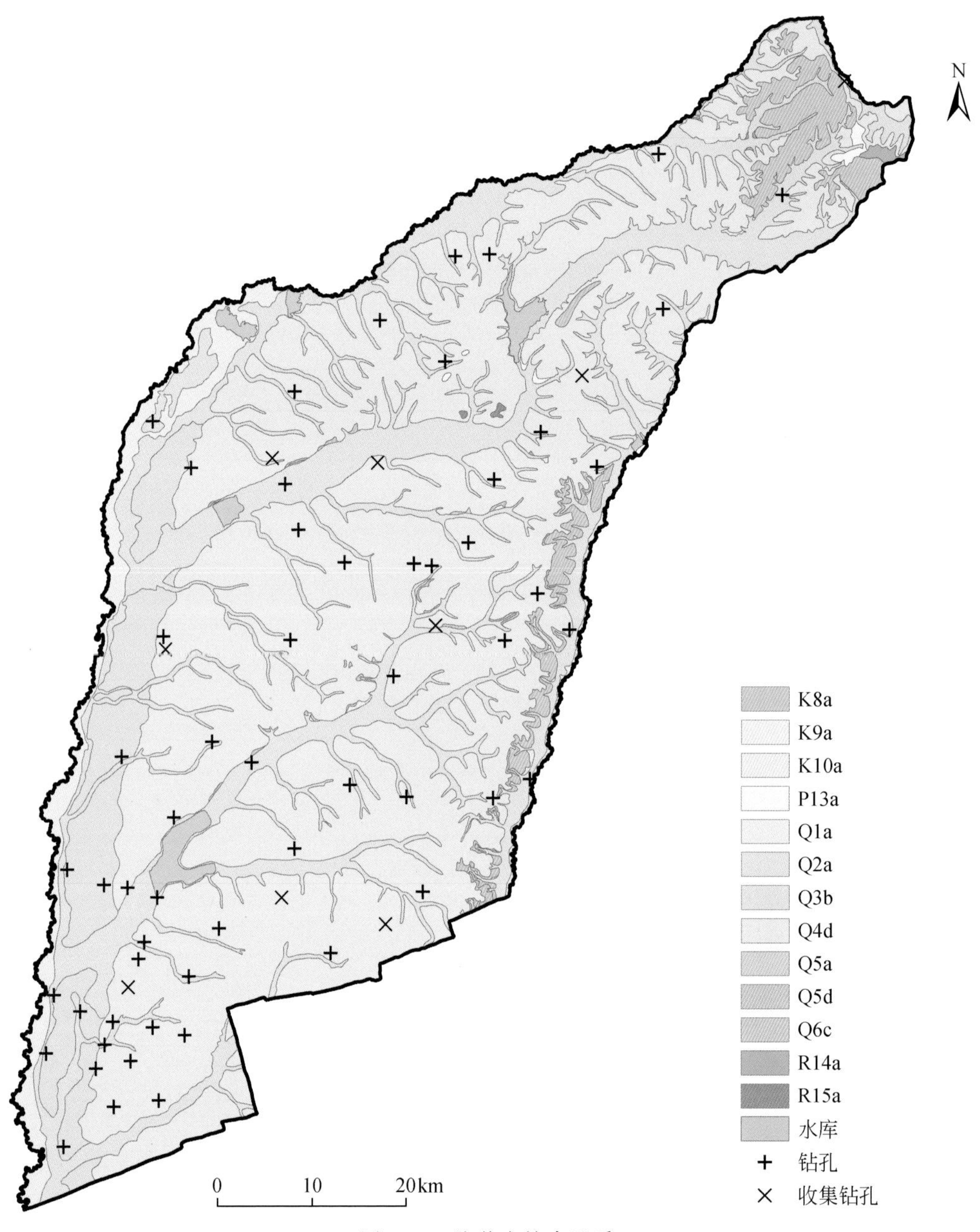

图 3.11　海伦市综合地质

引自《海伦县自然资源综合考察报告集》，黑龙江省海伦县自然资源综合考察队，1978 年出版，结合区划图配准矢量化，Q1a 为冲积沼泽沉积层，灰、灰黄色中细砂、砂砾石层。Q2a 为冲积沼泽沉积层，黑色淤泥质亚黏土、亚砂土及黄色砂砾石。Q3b 为冲积层，褐黄色亚黏土，中细砂、砂砾石。Q4d 为冲积湖积层，淡黄色、浅黄褐色亚黏土，局部为黄土状亚黏土。Q5a 为冲积湖积层，上部为褐黄色亚黏土；下部为灰黄色中细砂、砂砾石夹多层淤泥质亚黏土。Q5d 为冲积湖积层，上部为褐黄色亚黏土；下部为灰黄色中细砂、砂砾石夹多层淤泥质亚黏土。Q6c 为冲积洪积层 上部为黄褐色亚黏土、含砾亚黏土；下部为棕红色砂砾石。K8a 为嫩江组四段，灰、灰绿色泥岩、泥质砂岩、砂质泥岩、细砂岩。K9a 为嫩江组三段，灰绿色、黄绿色砂质泥岩、泥质砂岩、砂岩、泥岩。K10a 为嫩江组二段，灰、灰绿色泥岩、泥页岩夹泥质砂岩、砂岩。P13a 为平山组，泥质板岩、千枚状板岩，硅质板岩、绿泥石千枚岩、绢云母片理化酸性熔岩、蚀变安山岩、绿泥石石英片岩。R14a 为华力西晚期花岗岩。R15a 为华力西早期花岗岩

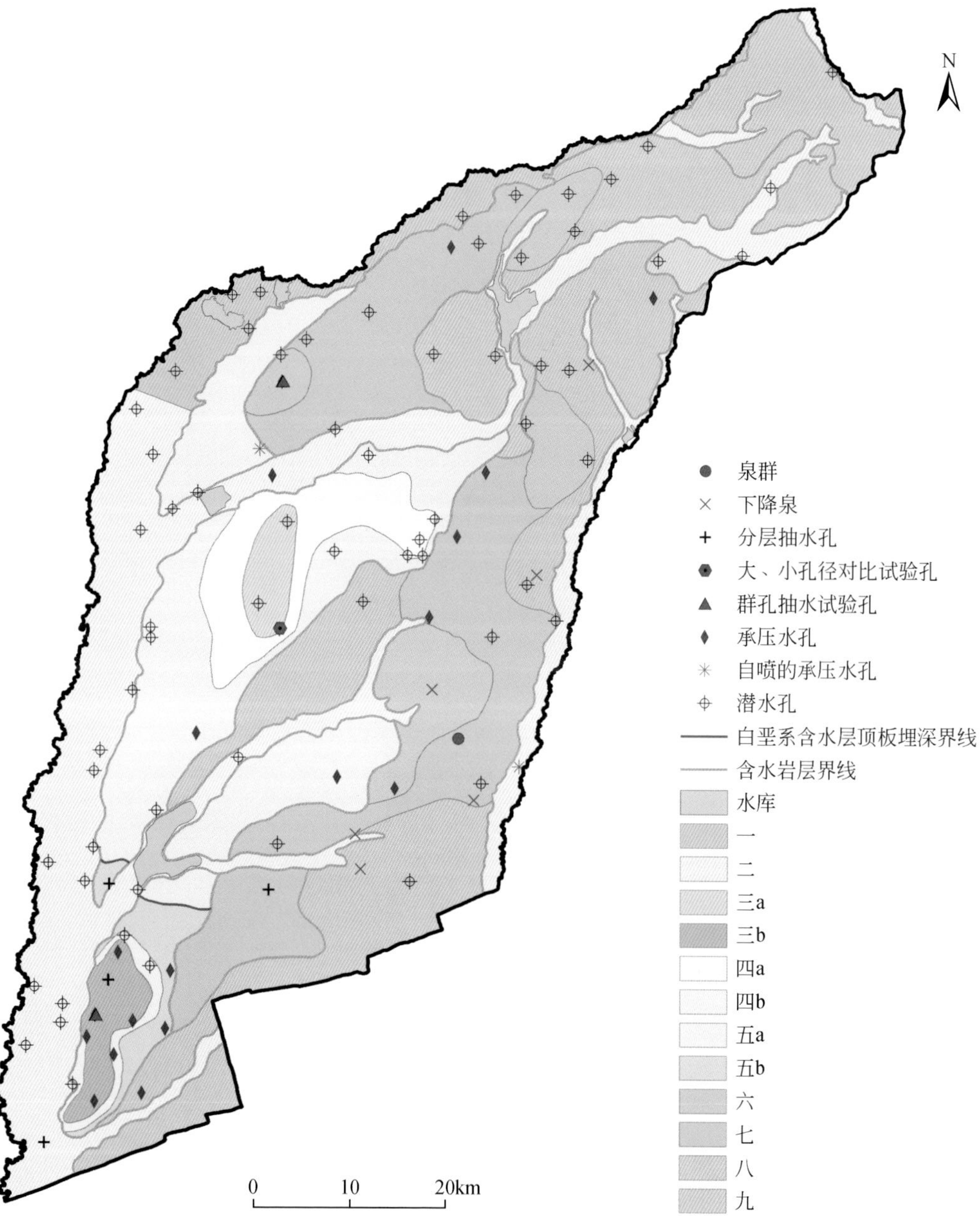

图 3.12　海伦市水文地质

引自《海伦县自然资源综合考察报告集》，黑龙江省海伦县自然资源综合考察队，1978 年出版，结合区划图配准矢量化，一为全新统、上更新统含水岩层，单井涌水量 10～30t/h。二为全新统、上更新统含水岩层，单井涌水量<10t/h。三 a 为中更新统含水岩层，上层单井涌水量>50t/h，下层单井涌水量 10～30t/h。三 b 为白垩系含水岩层，上层单井涌水量>50t/h，下层单井涌水量<10t/h。四 a 为中更新统含水岩层，上层单井涌水量 30～50t/h，下层单井涌水量 10～30t/h。四 b 为白垩系含水岩层，上层单井涌水量 30～50t/h，下层单井涌水量<10t/h。五 a 为中更新统含水岩层，上层单井涌水量 10～30t/h，下层单井涌水量 10～30t/h。五 b 为白垩系含水岩层，上层单井涌水量 10～30t/h，下层单井涌水量<10t/h。六为白垩系碎屑岩孔隙裂隙含水岩组，单井涌水量 30～50t/h。七为白垩系碎屑岩孔隙裂隙含水岩组，单井涌水量 10～30t/h。八为白垩系碎屑岩孔隙裂隙含水岩组，单井涌水量<10t/h。九为变质岩、花岗岩类裂隙含水岩组，水量不均（单井涌水量<10t/h）

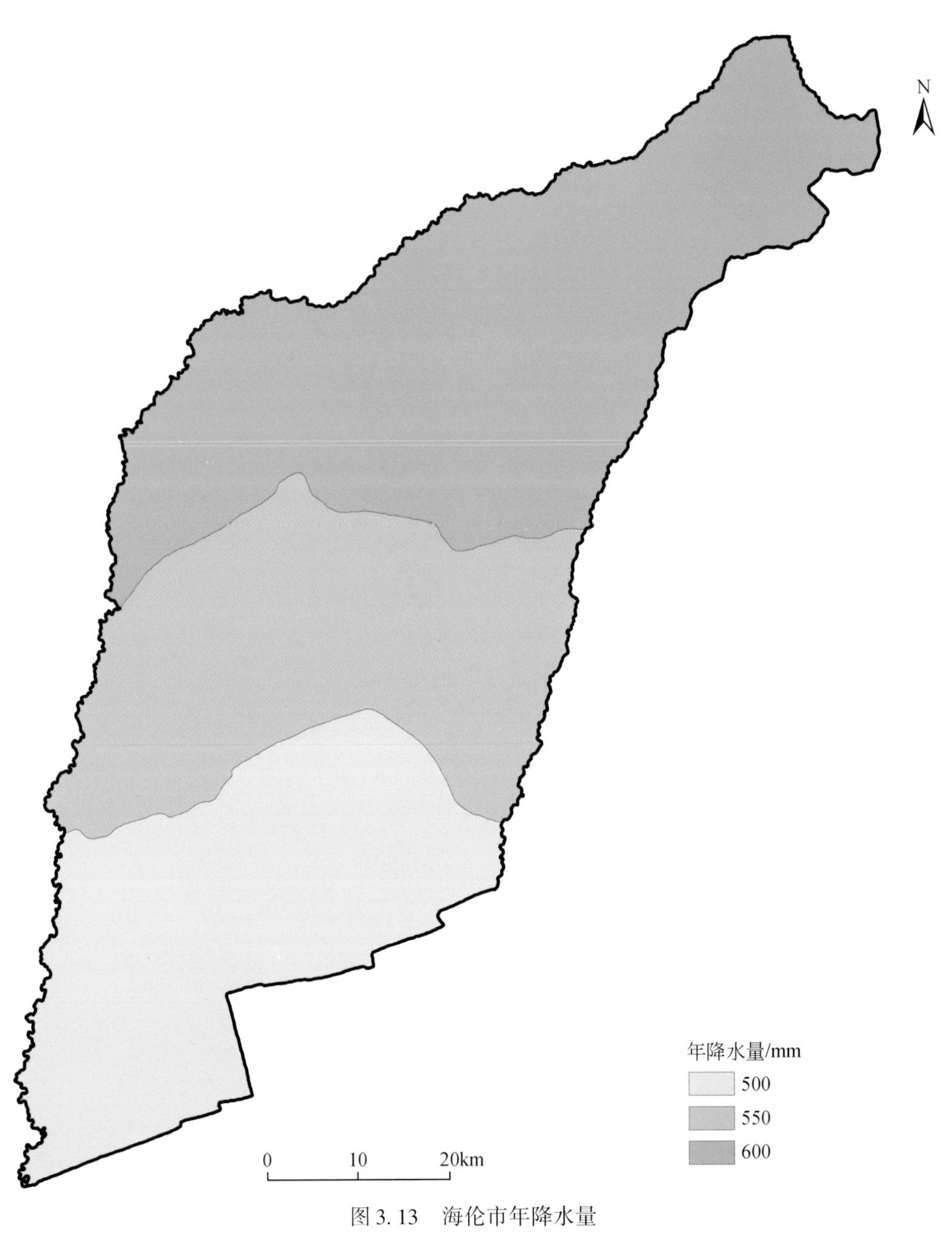

图 3.13　海伦市年降水量

引自《海伦县自然资源综合考察报告集》，黑龙江省海伦县自然资源综合考察队，1978 年出版，结合区划图配准矢量化

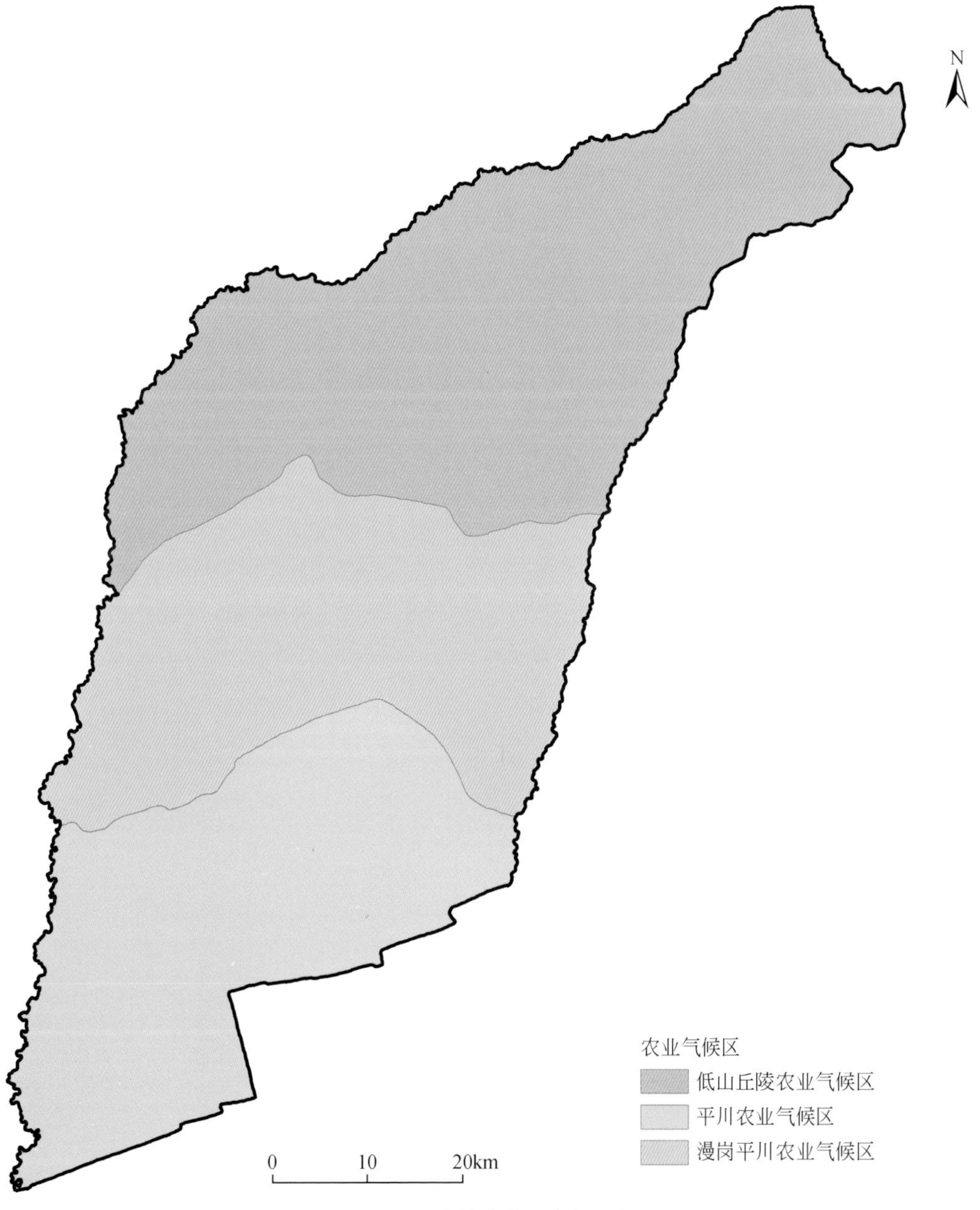

图 3. 14　海伦市农业气候区划

引自《海伦县自然资源综合考察报告集》，黑龙江省海伦县自然资源综合考察队，1978 年出版，结合区划图配准矢量化

第二节　三江平原富锦市黑土

富锦市位于黑龙江省东北部，松花江下游南岸，三江平原的腹地，131°25′E～133°26′E，46°45′N～47°37′N。全境东西长为180km，南北宽为92km，辖区总面积为8227km²，占整个三江平原面积的近1/4。

富锦市地势低平，平均海拔为60m左右，全市地貌结构从西北向东南缓慢倾斜，坡降为1/15 000～1/10 000，纵观地貌类型，大致分为平原、低平原、低湿地、山丘漫岗4种地貌单元。平原与山地比为9∶1。这种平原类型的地貌，构成了生物群的良好生长环境。完达山脉延伸到境内，形成少量的孤山丘陵。城东海拔为538.7m的乌尔古力山与城西海拔为472m的别拉音子山遥相呼应，形成西北略高，中部低平，东南稍低的冲积平原。

富锦市过境河流松花江流经84km，最高水位为61.02m，最低枯水位为55.03m，最大流量为16 400m³/s，最小流量为360m³/s，是灌溉、水运、渔业生产的主要水域；境内七星河流长73km，挠力河流长240km。境内河流外七星河流长183km，季节性河流有别拉洪河、寒冲沟、漂筏河、莲花河、七星河等。

肥沃的黑土自然禀赋为富锦市的经济社会发展奠定了物质基础。富锦市过去30年土地利用变化巨大（图3.15～图3.18），由此导致该区黑土有机质、土壤全氮含量的显著变化（图3.19～图3.22）。

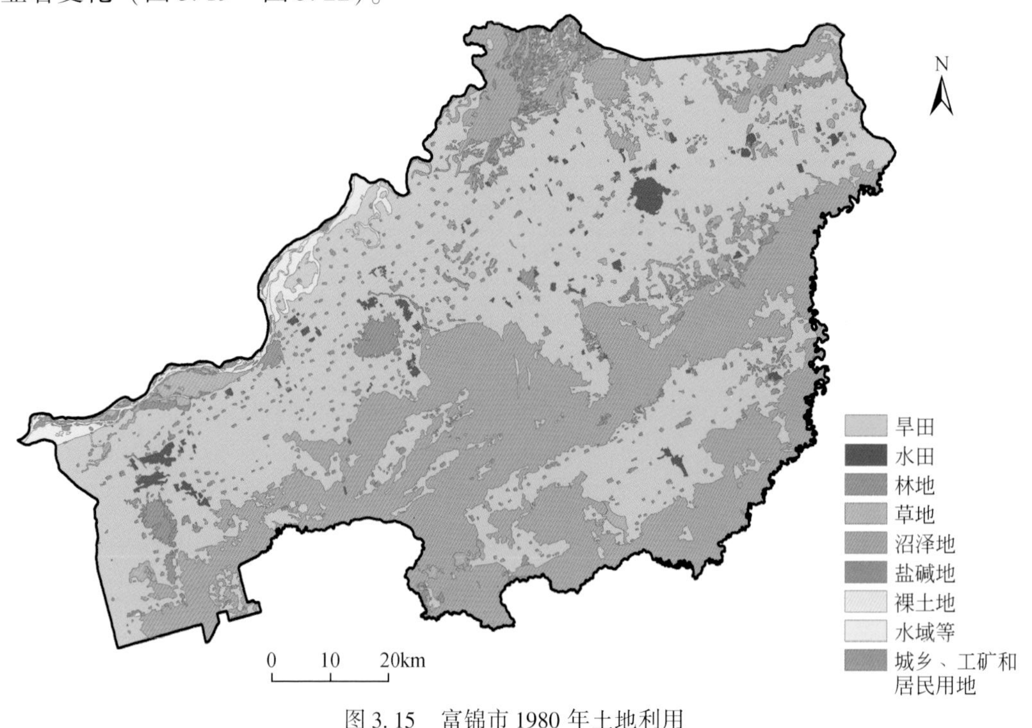

图3.15　富锦市1980年土地利用

1980年Landsat TM土地利用遥感解译数据

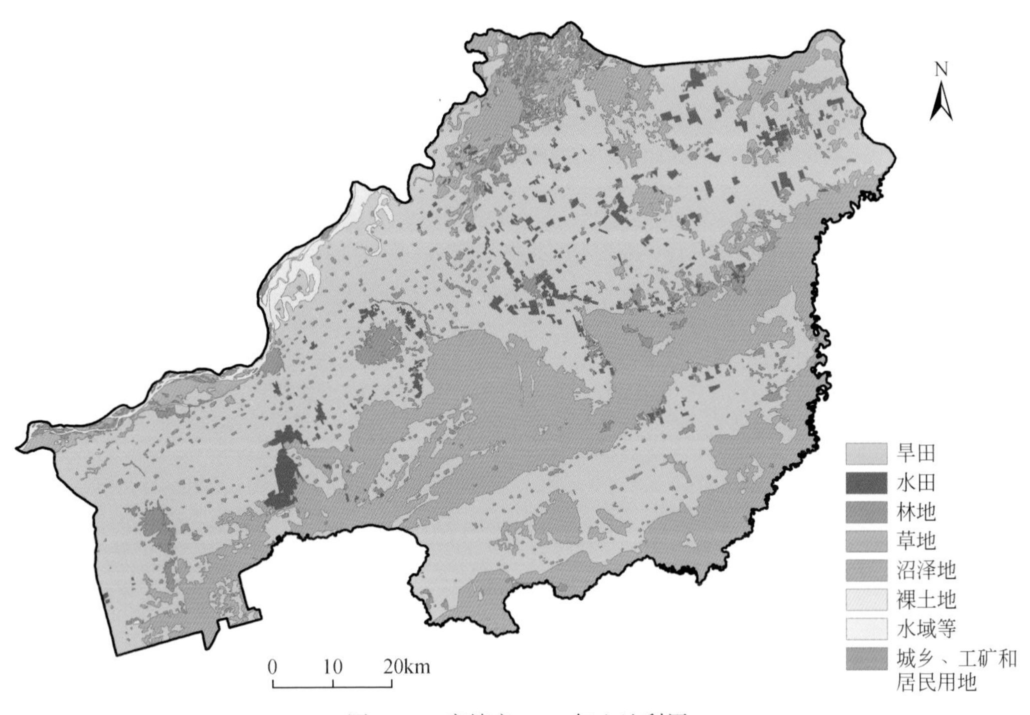

图 3.16　富锦市 1995 年土地利用

1995 年 Landsat TM 土地利用遥感解译数据

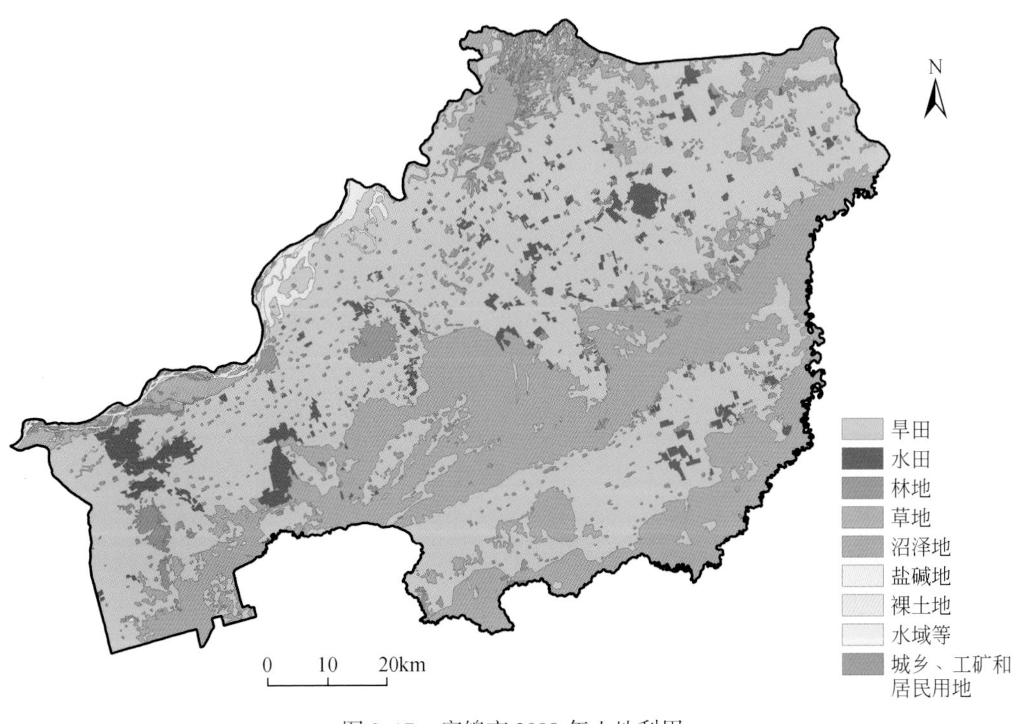

图 3.17　富锦市 2000 年土地利用

2000 年 Landsat TM 土地利用遥感解译数据

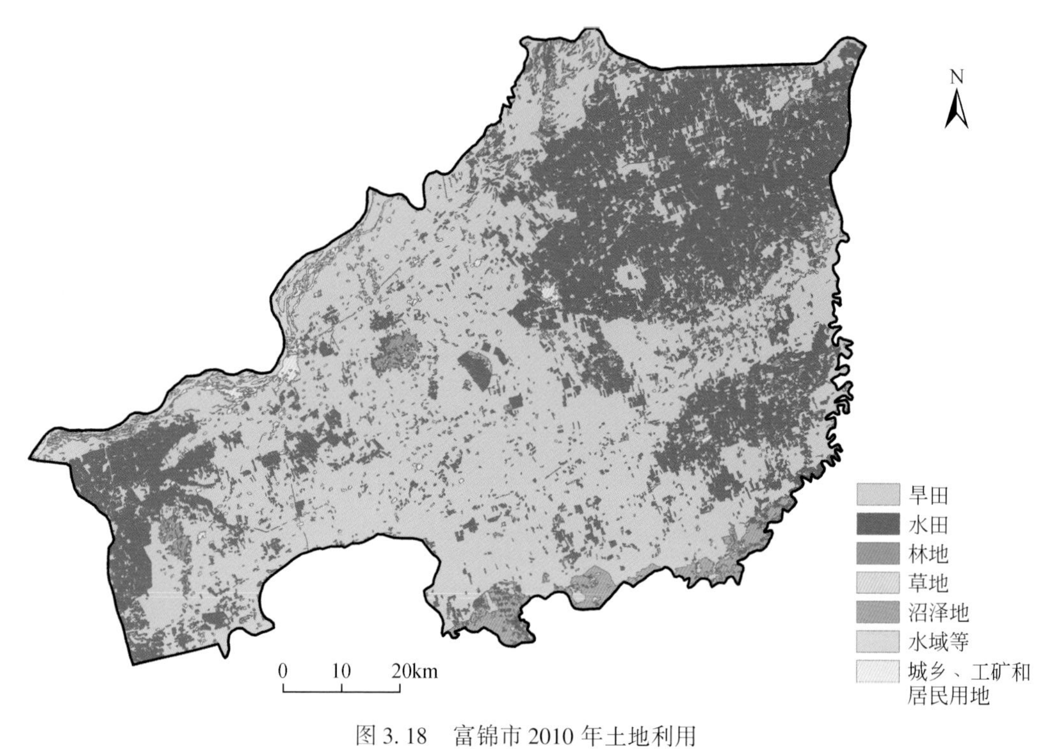

图 3.18 富锦市 2010 年土地利用

2010 年 Landsat TM 遥感解译数据，比例尺为 1∶10 万

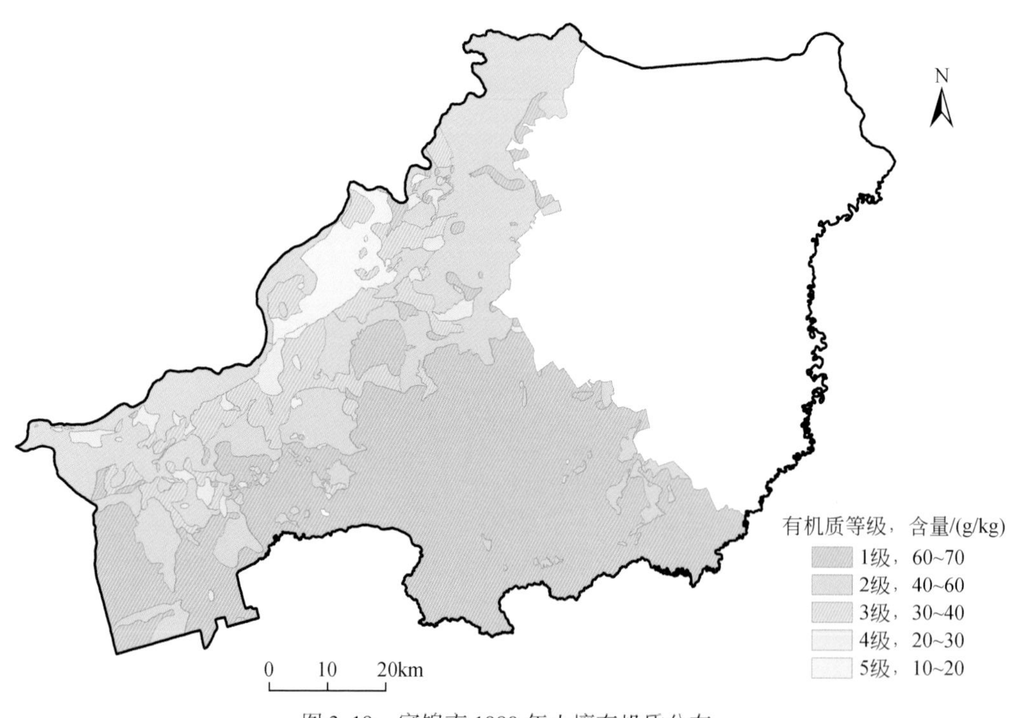

图 3.19 富锦市 1980 年土壤有机质分布

参照全国第二次土壤普查数据纸图（空白区域为无样点区）

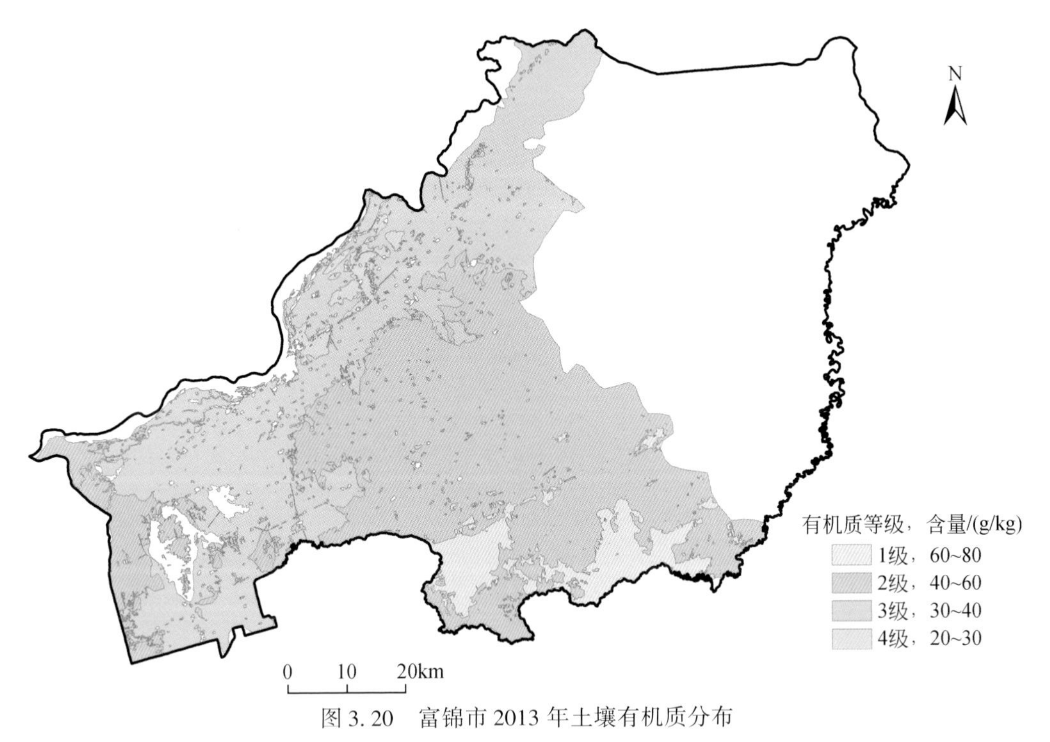

图 3.20　富锦市 2013 年土壤有机质分布

2013 年通过田间耕层采样 500 个土样，化验分析后得到土壤有机质数据，ArcGIS 平台克里格插值计算得到土壤有机质分布图（空白区域为无样点区）

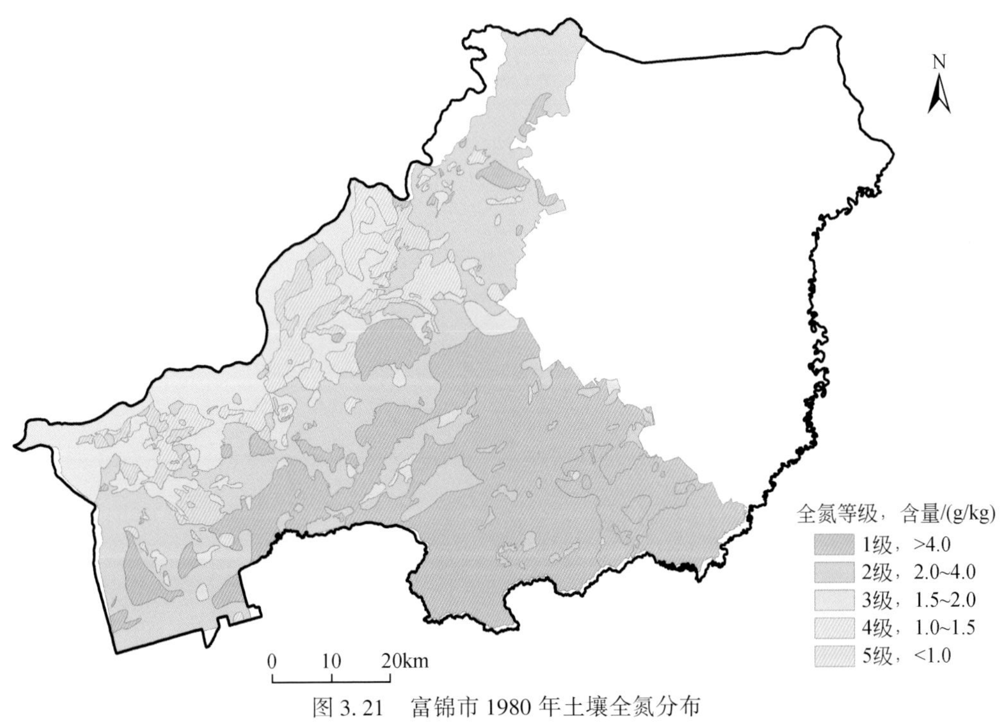

图 3.21　富锦市 1980 年土壤全氮分布

参照全国第二次土壤普查数据纸图（空白区域为无样点区）

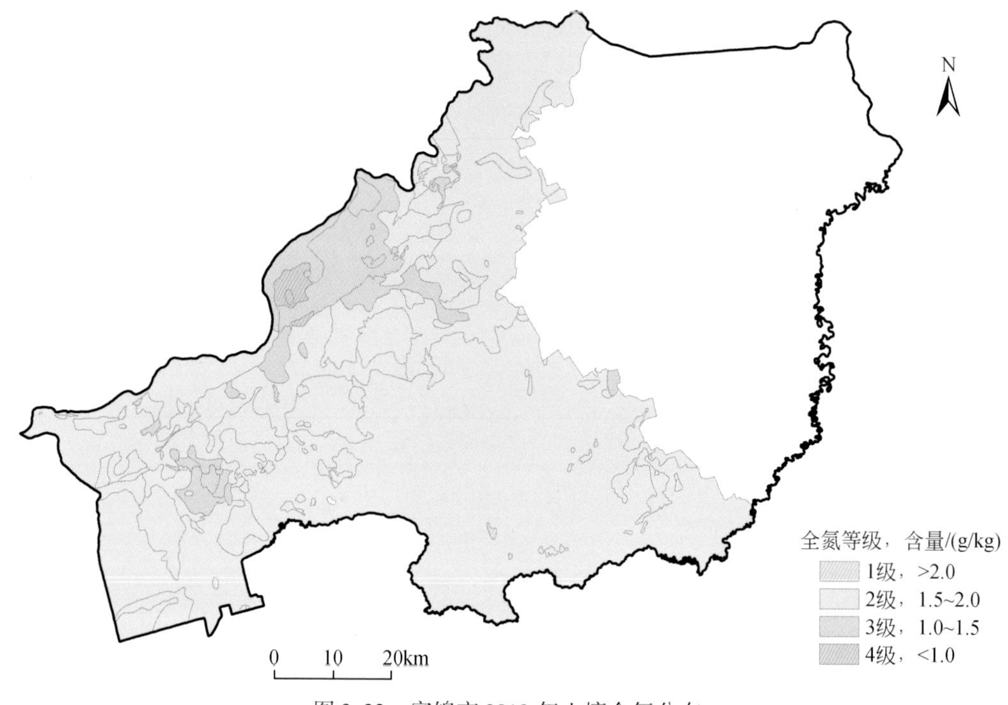

图 3.22 富锦市 2013 年土壤全氮分布

2013 年通过田间耕层采样 500 个土样，化验分析后得到土壤有机质数据，ArcGIS 平台克里格插值计算得到土壤有机质分布图（空白区域为无样点区）

第三节 城乡结合区哈尔滨双城区黑土

哈尔滨双城区位于黑龙江省西南部，地理坐标为 125°41′E～126°42′E，45°08′N～45°43′N，东西长为 85km，南北宽为 65km，全境总面积为 3112km^2。属松嫩平原南部冲积平原，境内无山，地势平坦，三面环水。

双城区气温属中温带大陆性季风气候。冬季漫长，严寒少雪，夏季温热湿润，雨量充沛。秋季降温急剧，常受霜冻危害，年平均气温为 3.5～4.5℃。年降水量为 400～600mm，降水量多集中在夏季（6～8 月），占年降水量的 60%～70%。无霜期为 135～145d，年日照时数为 2383～2888h，5 月、6 月日照时数最多，12 月最少。年蒸发量为 1200mm 左右，干燥度为 0.85 左右，年平均风速为 3.9 级，最大风速可达 8 级，最多风速为 2～3 级。春季西南风，干燥严重，冬季则以西北风为主。

全境海拔为 120～210m，相对高差为 100m。成土母质为第四纪沉淀物，分为三类：①冲积沉积物质，主要是二级河流阶地上的黄土状黏土，发育成黑质土壤；②冲积物质，主要分布在江河泛滥地或靠近岸边的一级河流阶地，多为砂土或亚砂土；③风积物质，主要是河流分选沉积的砂土，经风力吹蚀搬运堆积而成。全境成土为黄黏土，俗称黄土板。开垦前地面覆盖着茂密的草本植物，经多年的自然循环，形成肥沃黑土，适于多种植物生长。局部江河附近，地形起伏稍大，造成部分水土流失，陡坡地带，黑土层被冲刷，形成瘠薄黄土。

双城区黑土分为两个亚类，即黑土、草甸黑土，分布在平岗地和漫川漫岗地。地下水位深达 50～70m，很少参与黑土地成因过程与土壤水分循环，水分来源主要是大气降水。黑钙土主要分布在黑土向盐化草甸土过渡的地段上（图 3.23）。

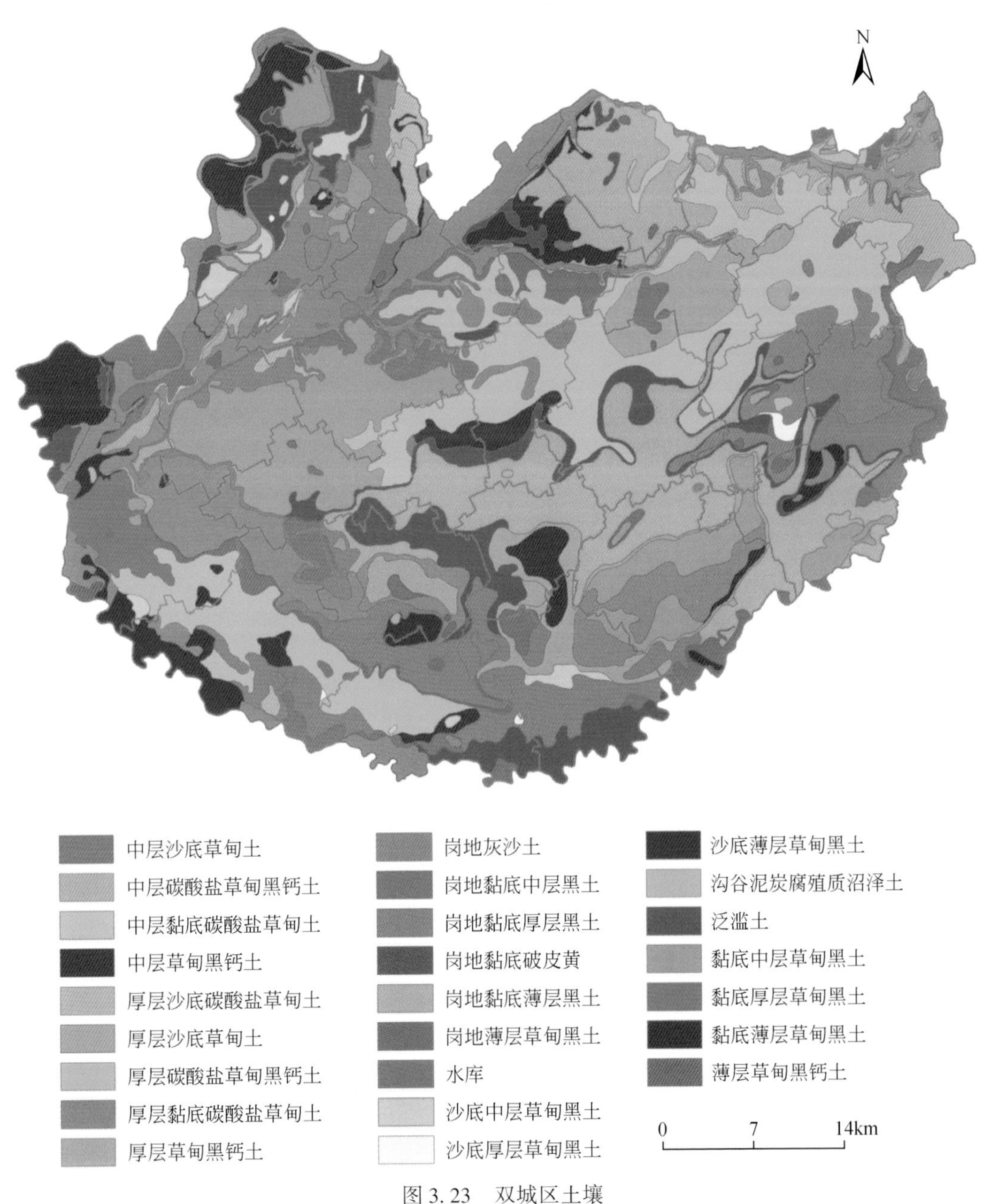

图 3.23　双城区土壤

参照全国第二次土壤普查数据纸图

由于毗邻哈尔滨市，畜牧业养殖和保护地种植业发达，全市以农业为主，农、林、牧、副、渔各业齐全，是黑龙江省主要杂粮产区之一（图 3.24 ~ 图 3.27）。

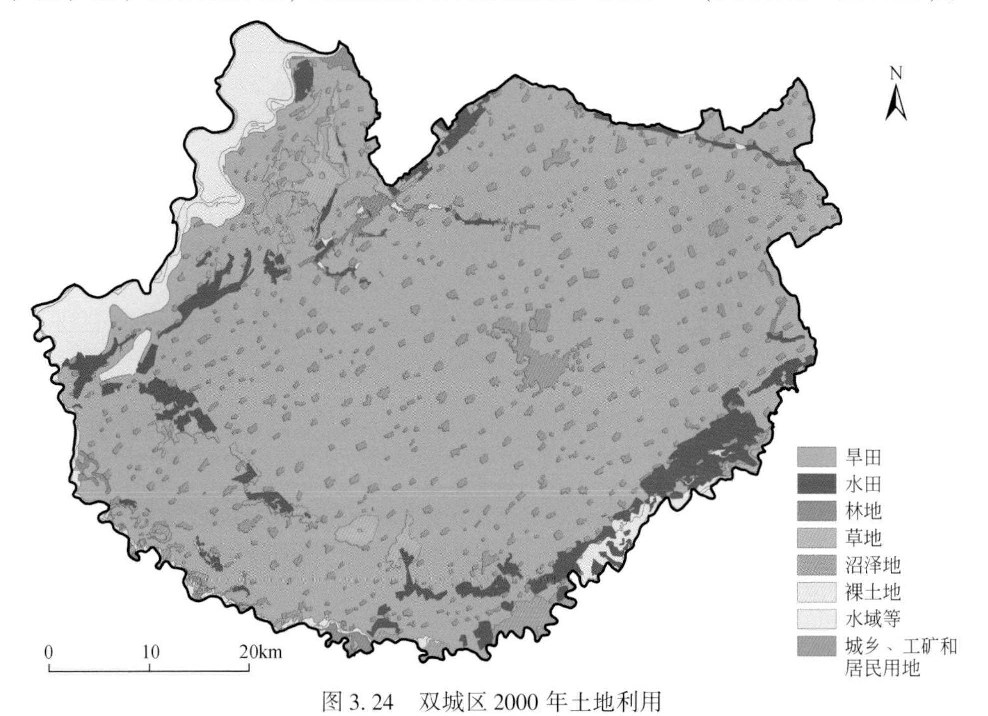

图 3.24　双城区 2000 年土地利用

2000 年 Landset TM 土地利用遥感解译数据

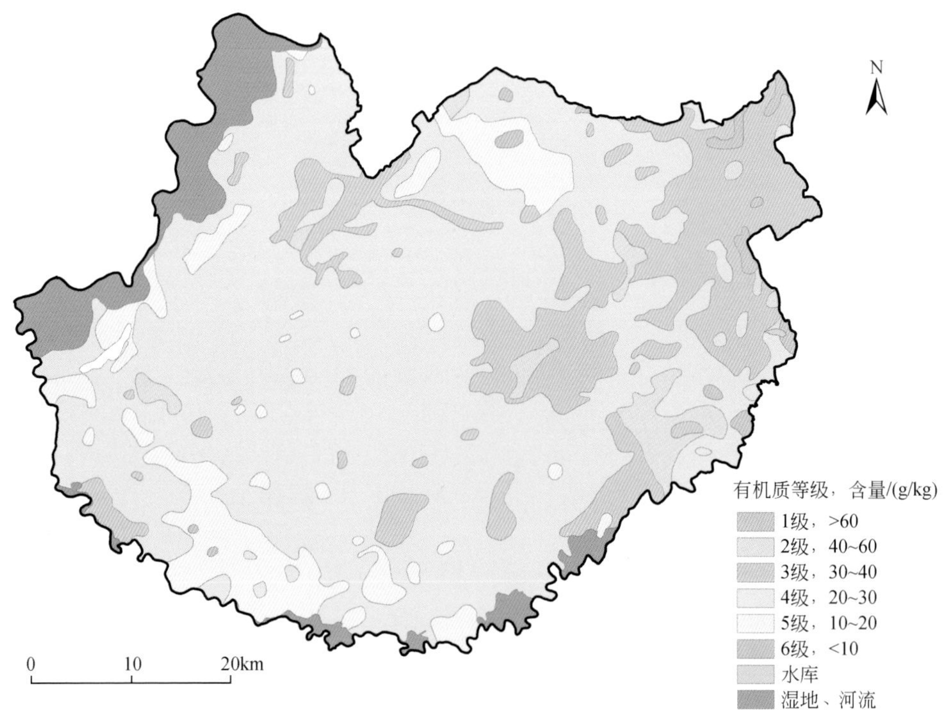

图 3.25　双城区 1980 年土壤有机质分布

参照全国第二次土壤普查数据纸图

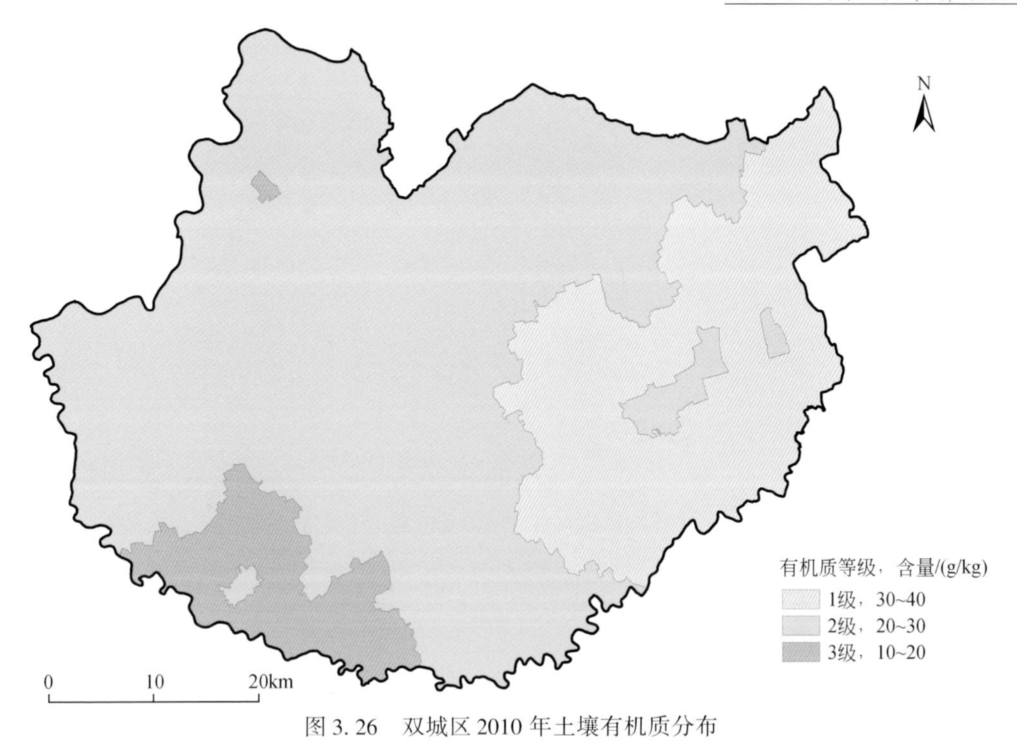

图 3. 26 双城区 2010 年土壤有机质分布

2010 年通过田间耕层采样 500 个土样，化验分析后得到土壤有机质数据，ArcGIS 平台克里格插值计算得到土壤有机质分布图

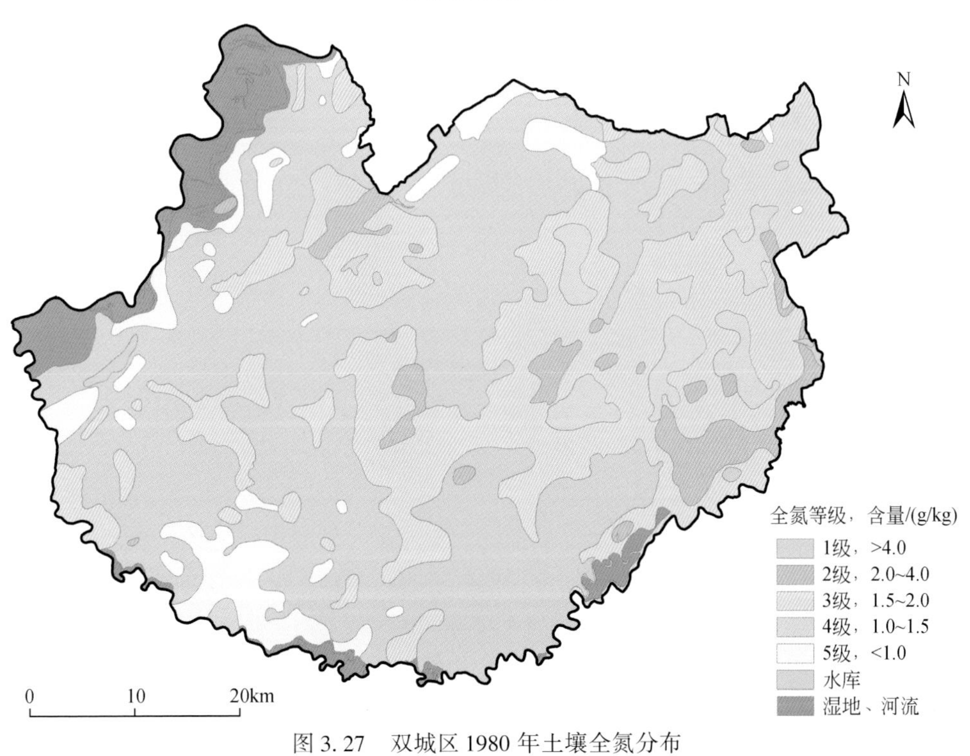

图 3. 27 双城区 1980 年土壤全氮分布

参照全国第二次土壤普查数据纸图

第四章　黑土热点问题

我国黑土开垦较晚，仅有百年的历史，然而由于高强度掠夺式经营，黑土有机质含量显著下降，水土流失加剧，发生了严重的退化，土壤生产力下降，已严重威胁了黑土农业的可持续发展及粮食安全。近年来黑土面积、土壤有机质含量下降程度、黑土层变薄速率与程度、退化对生产力的影响等成为热点，备受关注。

第一节　东北黑土面积

如第一章所述，当前世界上有几大土壤分类系统，对黑土的划分定义不同，势必导致黑土面积的差异。我国东北黑土区的界定有广义、典型和发生学分类三个层面。

广义黑土区是指具有黑色富含有机质的表土层分布区域，即人们常说的黑土地，水利部多次组织专家论证，2003 年界定的东北黑土区总土地面积为 101.9 万 km^2，涵盖东北的绝大部分区域（除辽宁省朝阳市和辽南潮土分布区以及内蒙古自治区东四盟海拉尔西部区域）（沈波等，2003）。

典型黑土区是指具有世界黑土特征的土壤，即美国土壤分类系统的 Mollisols（暗沃土）所覆盖的区域，主要分布于松嫩平原，按中国土壤分类系统，土类主要包括典型黑土、黑钙土、草甸土、白浆土和草甸暗棕壤，部分草甸沼泽土、灰黑土和栗钙土，总土地面积约为 35 万 km^2（张之一，2011）。

发生学分类黑土区是指基于我国土壤分类系统所命名的黑土分布区域，主要分布于大小兴安岭向松嫩平原腹地过渡的阶地，即常说的东北典型黑土带，总土地面积约为7 万 km^2，其中黑龙江省黑土区土地面积为 4.8 万 km^2（中国科学院林业土壤研究所，1980）。

当前国家黑土保护规划多以 103 万 km^2 黑土区域①为依据，黑土科学研究多以我国发生学分类的 7.04 万 km^2 为依据（隋跃宇等，2013）（表 4.1）。

① 广义黑土区面积为 101.9 万 km^2，加上零散分布的黑土，总面积 102.9 万 km^2。现国家采用 103 万 km^2。

表 4.1　不同划分标准的东北黑土面积　（单位：万 km^2）

地区	广义黑土区	典型黑土区	发生学分类黑土区
黑龙江省	45.3	19.00	4.83
吉林省	18.7	6.58	1.10
辽宁省	12.3	1.38	0.01
内蒙古自治区东四盟	25.6	7.83	1.10
合计	101.9	34.79	7.04

资料来源：沈波等（2003）；刘春梅和张之一（2006）；张之一（2011）

第二节　东北黑土退化

东北黑土发生退化，已是不争的事实。

对于黑土退化的关注，起始于20世纪80年代的全国第二次土壤普查，但仅是在某一区域不同开垦年限的有机质、养分和物理性状变化的比较（中国科学院林业土壤研究所，1980）（表4.2～表4.4）。

表 4.2　黑土有机养分含量变化（1982 年）

土地利用	深度/cm	有机质/(g/kg)	全氮/(g/kg)	全磷/(g/kg)	全钾/(g/kg)
荒地	0～30	118.2	6.00	2.62	18.4
开垦 20a	0～30	75.4	4.02	2.20	18.9
开垦 40a	0～30	59.4	2.33	2.00	18.9

资料来源：《黑龙江土壤》（何万云，1992）

表 4.3　黑土物理性状变化（1982 年）

土地利用	深度/cm	容重/(g/cm^3)	田间持水量/%	总孔隙度/%	最佳通气度/%
荒地	0～30	0.79	57.7	67.9	22.3
开垦 20a	0～30	0.85	51.5	66.6	22.8
开垦 40a	0～30	1.06	41.9	58.9	14.5

资料来源：《黑龙江土壤》（何万云，1992）

表 4.4　不同开垦年限黑土有机质和全氮、全磷、全钾变化

开垦年限/a	深度/cm	有机质/(g/kg)	全氮/(g/kg)	全磷/(g/kg)	全钾/(g/kg)
0	0～20	150.6	7.17	6.35	19.39
5	0～20	115.9	5.65	5.88	22.25
10	0～20	94.8	4.52	5.13	21.93
20	0～20	78.3	3.80	4.70	22.57
40	0～20	69.4	5.4	4.70	21.55
60	0～20	65.9	3.36	4.70	23.55
100	0～20	50.2	2.51	3.72	24.74

资料来源：汪景宽等（2002）

为阐明区域黑土退化特征，需首先摸清农田黑土土壤肥力现状，并与全国第二次土壤普查和垦殖前的土壤有关性状进行比较。中国科学院东北地理与农业生态研究所黑土退化与修复学科组利用承担中国科学院知识创新项目的契机，于2002年9~11月秋收后，根据黑土的分布情况，选择由北向南的典型地块，对黑龙江省黑土带农田土壤进行大样点调查。

以县域为单元，黑龙江省整个黑土区养分现状为：土壤有机质平均含量为40.7g/kg，变化范围为23.8~73.7g/kg；全氮平均含量为2.3g/kg，变化范围为1.7~3.7g/kg；全磷平均含量为0.6g/kg，变化范围为0.4~1.0g/kg；全钾平均含量为19.3g/kg，变化范围为17.7~21.2g/kg；碱解氮平均含量为192.2mg/kg，变化范围为125.5~313.2mg/kg；有效磷平均含量为25.7mg/kg，变化范围为13.7~54.2mg/kg；有效钾平均含量为163.6mg/kg，变化范围为116.7~243.5mg/kg（表4.5）。

表4.5　以市（县、区）为单位农田黑土肥力现状统计结果

地区	有机质/(g/kg)	全氮/(g/kg)	全磷/(g/kg)	全钾/(g/kg)	碱解氮/(mg/kg)	有效磷/(mg/kg)	有效钾/(mg/kg)
嫩江县	50.6	2.7	0.6	19.5	281.2	27.5	204.6
五大连池市	73.7	3.7	0.6	18.6	313.2	20.4	243.5
北安市	67.7	3.4	1.0	19.0	301.6	28.3	178.3
海伦市	45.0	2.3	0.6	19.2	203.2	25.6	140.1
拜泉县	44.0	2.4	0.6	18.7	242.2	23.2	162.4
绥棱县	41.7	2.2	0.6	18.0	171.1	17.6	133.1
望奎县	37.1	2.1	0.6	18.2	176.0	29.7	157.2
克东县	47.2	2.5	0.6	18.6	230.4	26.5	184.2
克山县	43.7	2.4	0.6	18.5	216.3	29.6	210.2
讷河市	40.3	2.3	0.6	18.7	204.2	22.1	189.8
兰西县	33.9	2.1	0.6	18.5	174.5	20.1	130.6
明水县	37.4	2.2	0.4	18.9	184.0	13.7	179.1
青冈县	36.1	2.2	0.4	18.5	180.5	14.1	146.2
依安县	39.8	2.2	0.6	19.5	212.3	25.3	187.3
庆安县	38.5	2.1	0.6	17.7	170.4	21.5	145.5
绥化市	37.3	2.2	0.6	21.2	176.6	23.1	162.8
巴彦县	32.6	1.8	0.6	20.4	157.5	30.6	161.5
呼兰区	32.4	2.0	0.6	20.3	156.1	26.1	159.8
哈尔滨市	32.8	2.1	0.6	20.9	142.3	54.2	126.1

续表

地区	有机质/(g/kg)	全氮/(g/kg)	全磷/(g/kg)	全钾/(g/kg)	碱解氮/(mg/kg)	有效磷/(mg/kg)	有效钾/(mg/kg)
宾县	26.6	1.7	0.6	19.9	141.6	32.2	154.5
双城区	28.7	1.9	0.6	20.3	132.5	19.0	121.5
五常市	30.7	1.8	0.6	19.9	146.4	25.5	116.7
阿城区	23.8	1.8	0.4	20.1	125.5	30.1	128.5
宝清县	56.1	2.9	0.8	19.3	205.9	27.8	165.3
双鸭山市	40.0	1.9	0.6	20.1	159.2	28.5	201.6
平均	38.9	2.3	0.6	19.3	192.2	25.7	163.6

注：有机质平均数值的计算来源于全部样点的均值，全部样品未在表中一一列出。

资料来源：张兴义等（2013），研究数据未发表

土壤有机质呈北高南低的分布，主要是由于黑土为地带性土壤，受气候影响大，开垦前（原始草地）土壤有机质就呈由北向南降低的趋势分布。北部嫩江县、五大连池市和北安市农田土壤有机质平均含量仍高于50g/kg，而南部的部分市（县、区）已不足30g/kg。土壤全氮含量虽与土壤有机质含量成极显著相关，变化趋势与土壤有机质相同，但变化幅度较土壤有机质含量小。全磷含量多在0.6g/kg左右，全钾含量多在20g/kg左右，均未呈地带性分布，全磷含量受土壤自身含量、施肥量和种植作物等多重影响，全钾是由于黑土母质为黄土状亚黏土，富含钾。有效养分除碱解氮略呈南北变化趋势外，有效磷和有效钾无空间分布规律，主要受施肥影响。

同全国其他区域的农田土壤基础养分含量相比，黑龙江省农田黑土仍然是最高的，但同时也是下降速度最快的。

依据黑龙江省黑土区各市（县、区）土壤志、全国第二次土壤普查资料、2002年采集黑龙江省黑土各市（县、区）农田黑土样品的测定结果，归纳为表4.6。黑龙江省黑土开垦前土壤有机质含量以北部的最高，为100～150g/kg，南部略低，为65～110g/kg。全国第二次土壤普查到2002年，各市（县、区）总体而言土壤有机质略有下降，个别市（县、区）略有增加。下降最大的市（县）有海伦市、克山县、巴彦县，分别下降了11.8g/kg、11.3g/kg、11.9g/kg，平均每年约下降0.585g/kg，年平均下降速率高达13.5‰。这3个地区都是水土流失较严重的市（县），可以说水土流失是导致该阶段土壤退化的主要因素。变化非常小的市（县）主要有嫩江县、庆安县、五常市、依安县，分别下降了1.0g/kg、1.1g/kg、1.9g/kg、1.6g/kg，平均每年约下降0.07g/kg。这比全国第二次土壤普查时的年平均下降0.1～0.34g/kg要低得多。

表 4.6 以市（县、区）为单位农田黑土有机质随开垦年限的变化 （单位：g/kg）

地区	有机质		
	开垦前	全国第二次土壤普查	2002 年
嫩江县	120	51.6	50.6
五大连池市	112	75.0	74.0
北安市	150	69.6	67.7
海伦市	106	56.8	45.0
拜泉县	120	30.0	44.0
绥棱县	100	44.5	41.7
望奎县	83.0	42.9	37.1
克东县	120	55.0	47.2
克山县	120	55.0	43.7
讷河市		46.3	40.3
兰西县	70.0		33.9
明水县		43.6	37.4
青冈县		35.0	36.1
依安县		41.4	39.8
庆安县	88.8	39.6	38.5
绥化市	100	41.8	37.3
巴彦县	108	44.5	32.6
呼兰区	118	40.0	32.4
哈尔滨市		27.2	32.8
宾县	100	29.3	26.6
双城区	65.0	27.0	28.7
五常市	93.2	32.6	30.7
阿城区	85.7	23.0	23.8
平均	80～100	43.2	38.9

注：缺宝清县和双鸭市的数据，故未列出，同时两个市（县）黑土面积所占比例较小，可忽略不计

资料来源：张兴义等（2013）

2002 年，在黑龙江省黑土带上的 23 个市（县、区）中，土壤全氮有 12 个市（县、区）土壤全氮含量较全国第二次土壤普查时的含量低，主要发生在全国第二次土壤普查全氮含量较高的市（县）中，降的最多的两个县（区）为绥棱县和呼兰区，平均每年降低 0.0325g/kg。其余 11 个市（县、区）土壤全氮含量不但没降低，还略有上升，主要发生在全国第二次土壤普查全氮含量较低的市（县、区）中，其中以哈尔滨市增加的最多，平均每年增加 0.044g/kg。

土壤全磷含量除宾县、五常市、哈尔滨市、青冈县、克山县、望奎县略有增加外，其余各市（县、区）均降低。这与我国其他区域施入土壤中的磷肥大部分被固

定而致使土壤全磷含量增加的趋势不一致，主要是由于黑土中约有 2/3 的磷以有机态存在，而其他区域土壤中的磷多以无机态存在。据黑龙江省农业科学院土壤肥料研究所[①] 1983～1985 年的田间实验结果，施入黑土农田中的磷仅 13% 被固定，因此磷肥施用对农田黑土的全磷含量的影响远不如对我国中原土壤的影响。目前磷肥的施用量还不能使黑土农田的磷素达到平衡。降低最大的市（县、区）有依安县、呼兰区、五大连池市、海伦市，在全国第二次土壤普查时该 4 市（县、区）土壤全磷含量均较高，磷年平均减少 0. 0128g/kg。

土壤全钾含量有一半市（县、区）在下降，且同土壤有机质、全氮、全磷的含量下降数量相比，土壤全钾下降的数量仅次于土壤有机质，钾素年平均减少 0. 160g/kg。主要是土壤钾是不可再生元素，长期重氮磷肥、轻钾肥的施用，致使钾素过度消耗，由农田钾素含量降低。哈尔滨市钾素下降量最大也说明了这一点，钾素年平均减少 0. 295g/kg。

为了阐明黑土退化过程，选取占典型黑土面积总量 70% 的黑龙江省农田黑土有机质含量变化加以研究。综合前人的研究结果，结合各市（县、区）和黑龙江省土壤志以及全国第二次土壤普查结果，以开垦为起点，2002 年区域采样测定结果为结点，以土壤有机质为指标，归纳黑土的退化过程及强度（图 4. 1）。黑龙江省黑土开

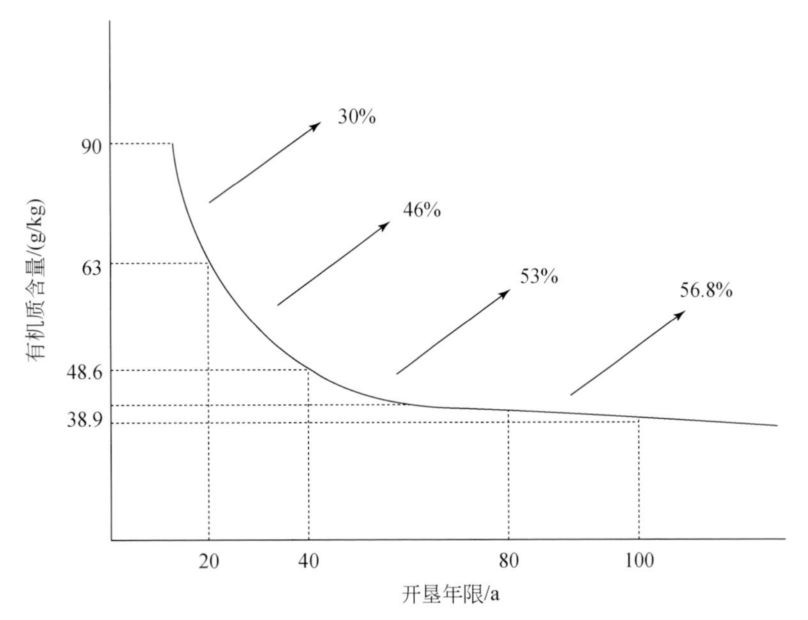

图 4. 1　黑土有机质随开垦年限下降过程

30%、40%、53% 和 56. 8% 指下降的比例

① 黑龙江省农业科学院土壤肥料研究所在 2008 年为适应科研发展的需要，更名为黑龙江省农业科学院土壤肥料与环境资源研究所。

垦前土壤有机质含量为80～100g/kg，变化范围为65～150g/kg。在开垦后的20a里，土壤有机质约下降了30%，尔后下降速度逐渐变缓，主要是由于活性组分含量逐渐降低；在开垦年限达到80a以后，年下降速度低于2‰，最后进入缓慢下降和相对平衡阶段，土壤有机质的演变方向取决于黑土农田的输入量和获取量，既可能由于输入的不足，黑土进一步退化，也可能由于人们重视土壤培肥，增加农田的输入，黑土向培肥方向发展。

2002年黑龙江省典型黑土区农田黑土土壤有机质平均含量为38.9g/kg，开垦后黑土有机质已下降了约60%。从全国第二次土壤普查起的20a间，农田黑土土壤有机质仍以年平均5‰的速率在下降（张兴义等，2013），表明黑土退化不容忽视，如不加以及时保育，势必降低黑土农田生产力。孟凯和刘月杰（2008）依据黑土退化的强度，将黑土退化分为初级阶段、发展阶段和危机阶段。处于初级阶段的主要集中在北部，中部多处于发展阶段，南部及中部水土流失严重的市（县、区）处于危机阶段。

第三节　东北黑土层厚度及其变化

一、黑土层厚度

黑土层变薄也是不争的事实。黑土显著不同于我国其他土壤，其显著特征之一就是分层明显，表层为富含有机质暗色的黑土层，即土壤剖面中的A层，腐殖质层（图4.2）。研究表明黑土层对维持农田生产力起着至关重要的作用，故黑土层的厚薄，成为土壤肥力的重要标志，黑土层变薄被认为是黑土受到侵蚀或退化的表现，因此，黑土开垦之后，黑土层厚度的变化，备受人们的关注（张之一，2010b）。

张之一（2010b）总结历次土壤普查和已有研究结果认为，黑土开垦之前黑土层厚度一般为30～50cm，有的可达1m，开垦之后，黑土层厚度总的趋势是变薄，但仍以中等厚度（30～60cm）占多数。变薄的原因有土壤自然沉实和土壤侵蚀两个方面，前者是由生土变熟土的必然过程，后者可通过保护性耕作措施加以防治。

陆继龙（2001）认为，开垦之初黑土层厚度为60～70cm，开垦至2001年后变薄，为20～30cm，每年减少0.4～0.5cm。郭秀文（2002）认为，开垦之初黑土层厚度为60～100cm，开垦20a减少到60～70cm，开垦40a减少到50～60cm，开垦70～80a减至20～30cm。魏才等（2003）认为20世纪50年代黑土层厚度为60～70cm，开垦至2003年后大部分只有20～30cm，每年流失0.3～1cm。唐克丽（2004）主编的《中国水土保持》一书中认为黑龙江省的克山县自开垦以来，黑土层厚度由原来的1～2m，减至0.2～0.3m，每年流失0.5～1.0cm。上述报道与事实

图 4.2　黑土典型剖面

黑土层，即 A 层 30cm；过渡层，即 AB 和 BC 层 40cm；母质层，即 C 层 70cm 以下。

黑龙江省海伦市光荣村，2007 年 6 月，张少良拍摄

相差甚远，缺乏科学数据支撑，有必要对这个问题说明。

早在 20 世纪二三十年代，一些外国人在黑龙江省从事土壤调查，称黑土层厚度为 25 ~ 100cm，一般为 40 ~ 50cm。全国第一次土壤普查，对黑土的描述是黑土层厚度一般为 30 ~ 50cm，有的厚达 1m，这比较符合实际。在未开垦之前，黑土层厚度就有薄、中、厚三级，而且以中层（30 ~ 60cm）的居多，而厚层（>60cm）的较少，达 1m 的更是少见，而且多出现在坡的下部。黑土层的厚薄是沿着地形坡度，自上而下逐渐由薄变厚的，这可能是在自然状态下就有土壤侵蚀存在，也可能是上、中、下坡水热条件不同，影响自然植物生长和有机质积累，坡的上部土温较高，水分较少，植物生长繁茂程度差，有机质积累少，黑土层较薄。当坡度≥6°时，森林植被代替了草原植被，土壤也不再是黑土，而发育成暗棕壤。

据全国第二次土壤普查非耕地黑土，黑土层厚度仍有薄、中、厚三级，而薄层占 44.2%，中层占 36.4%，厚层占 19.4%（张之一，2010b）。截至 2010 年，在黑龙江省北部地区和内蒙古呼伦贝尔仍可以找到面积比较大的未开垦的原始状况的黑土，尤其是呼伦贝尔黑土，总面积为 85.7 万 hm^2，耕地面积为 26.1 万 hm^2，垦殖率仅为 30.4%，尚有 59.6 万 hm^2 黑土荒地未开垦，根据呼伦贝尔第二次土壤普查资

料，典型黑土的黑土层厚度为20～40cm，草甸黑土的黑土层厚度为22～48cm，白浆化黑土的黑土层厚度为25～50cm（呼伦贝尔盟土壤普查办公室，1991），这可从一个侧面证明，未开垦之前黑土层厚度的证据。

黑土开垦后黑土层变化的原因是什么呢？

凡是坡耕地都存在水土流失问题，几种坡耕地比较起来，水土流失最为严重的是坡度较黑土大的暗棕壤和存在黏化淀基层的岗地白浆土。对黑土来讲，并非所有的黑土都存在侵蚀，分布在上坡的黑土存在侵蚀，而下坡的黑土往往堆积大于侵蚀。上坡的黑土在降水时未及时入渗的雨水形成地表径流，沿坡面向坡下部流失，部分地表黑土形成泥沙径流，由坡上和坡中转移到下坡，甚至流入江河，由此引起黑土层变薄，这就是人们所说的面蚀，即面状侵蚀（范昊明，2004）（图4.3）。

图4.3　黑土坡耕地水土流失

黑龙江省海伦市农田，2009年7月，张兴义拍摄

二、黑土层变薄速率

黑土层变薄是不争的事实，导致部分黑土地消失，因此其变薄速率备受关注。必须明确的一个事实是东北黑土面积在减少，但不会在短期内消失。近10a来，有关黑土地将消失的报道不时见于报端，有些学者在科技期刊上发表文章大声疾呼

“保护黑土地刻不容缓”“莫等黑土变黄土”“北大仓已退化为第二个黄土高原”。更有媒体称，“目前黑龙江省熊猫级资源‘黑土地’已经濒临毁灭边缘，按照现在的保护措施预计，50a 内将会基本消失。”东北黑土地 50a 真的会消失吗？这既是一个不可回避的科学问题，也是一个关系国家粮食安全的重大问题。结论应该是：黑土地不会消失。

得出东北黑土地 50a 内将基本消失的说法，主要是依据当前黑土层厚度为 20 ~ 40cm 和因水土流失年表土剥离速度为 0.1 ~ 1.0cm 推算出来的。上述说法缺乏野外调查实测资料支撑，与事实相差甚远。黑土层厚度及其变化速率是黑土是否会消失的核心问题。水土流失致使黑土层变薄，实际情况是在坡面的尺度，水土流失致使表层土壤在整个坡面发生再分配。由于地貌特征和黑土特性，黑土的输沙过程显著不同于黄土。表土剥离主要发生在坡面坡降最大的坡中部，迁移的泥沙多沉降于坡脚处，只有很少部分迁移进入河流（阎百兴和汤洁，2005）。严重侵蚀后的坡面黑土层发生了显著变化，坡顶黑土层变薄，坡中黑土层严重变薄或消失，呈现“破皮黄”。随着地表径流，坡上和坡中的表层富含腐殖质的黑土被不断冲蚀剥离，大部分在坡脚沉积下来，只有不超过 20% 的黑土流入河流。这种表土的运移过程致使坡上和坡中表土层不断变薄，耕层土壤物理和化学性状趋劣；坡脚原肥沃表层不断被冲击下来的泥土所掩埋，在严重侵蚀的农田，坡脚已被土壤母质和表层土混合后的土壤覆盖，耕层土壤质量也同样降低（阎百兴和汤洁，2005），致使整个坡面表层土壤化学、物理以及生物性状向不利于作物生长方向改变，土壤肥力下降。因此，水土流失导致黑土层变薄、粮食产量下降是毋庸置疑的。但水土流失致使黑土在局部小的区域再分布，坡上、坡中变薄，坡下增厚。在流域以上的尺度，黑土流出量很少，厚度整体变化并不大。黑土层变薄还有另一个主要原因——土壤自然沉积。黑土开垦后，黑土层在一定限度内变薄，是由生土变熟土的一个必然过程。荒地黑土的黑土层疏松，一般容重为 0.8 ~ 0.9g/cm^3，开垦之后土壤变紧实，容重达到 1.1 ~ 1.4g/cm^3，若土壤容重由 0.9g/cm^{3}变为 1.2g/cm^3，体积就缩减原体积的 1/4，即由于土壤自然沉积，黑土层厚度变薄为开垦前的 3/4，土壤适当紧实对作物生长是有益的（张之一，2010b）。

表土 0.1 ~ 1.0cm 的剥离速度多是由标准径流观测小区或^{137}Cs 示踪技术在坡度较大的坡面上测得的，并不能作为区域计算的标准。

坡面和小流域水土流失动态监测是评估水土流失最重要的依据。裸地小区，常年不生长任何植物，并按当地耕作耕翻，用以评估供试土壤侵蚀性，水利部松辽流域重点监测站——中国科学院海伦水土保持监测站在 5°坡裸地小区连续 10a 的监测结果显示，表土剥蚀率为 2 万 t/km^2，即黑土变薄速率为 2cm/a，高于黄土，表明黑土抗侵蚀弱，是我国极易侵蚀的土壤（图 4.4）。

图 4.4　裸地标准径流小区

黑龙江省海伦市光荣村，2010 年 8 月，张兴义拍摄

典型黑土区农民多采用顺坡或斜坡垄作，中国科学院海伦水土保持监测站在 5°顺坡小区连续 10a 的监测结果显示，表土剥蚀率为 500 ~ 3400t/km^2，黑土变薄速率为2 ~ 3mm/a（图 4.5）。该结果得到同行专家的认可，更接近实际。

图 4.5　坡面径流观测场

黑龙江省海伦市光荣村，2010 年 8 月，张兴义拍摄

第四节　东北黑土退化对粮食生产的影响

一、土壤有机质下降对作物产量的影响

定量黑土有机质含量与粮食产量关系，是揭示黑土退化对粮食生产影响的唯一途径。黑土农田粮食产量是由气候、土壤、农田管理和作物品种等共同作用决定。土壤对作物产量的影响被称为土壤生产力，也称为土壤基础肥力。由于气候对作物产量的影响远大于土壤，一个小区域内少有较大范围有机质含量的黑土，使黑土有机质含量与作物产量关系成为难点。2005 年中国科学院东北地理与农业生态研究所通过空间移位的方法，将黑土带上从南到北 5 个有机质含量为 16.7 ~ 110g/kg 的黑土分别移至黑龙江省海伦市（年平均气温为 1.5℃）和吉林省德惠市（年平均气温为 4.5℃），建立黑土生产力长期定位试验，供试作物为玉米，并设施肥和不施肥处理。10a 的连续结果表明无论是施肥还是不施肥，土壤有机质含量与玉米产量均呈单峰曲线关系，即存在阈值，施肥时有机质阈值为 60g/kg 左右，不施肥为 70g/kg 左右，当黑土有机质含量高于此阈值时，产量反而下降。该结果的科学价值是，退化黑土培肥的目标定为土壤有机质含量 60g/kg 时最佳，不需达到垦殖前。此外通过有机质含量与玉米产量关系得到，2002 年黑龙江省农田黑土有机质含量为 38g/kg，黑土退化造成玉米生产能力下降了 20%，若 70g/kg 土壤有机质含量每下降 1%，玉米产量将会下降 12.7%（图 4.6）。

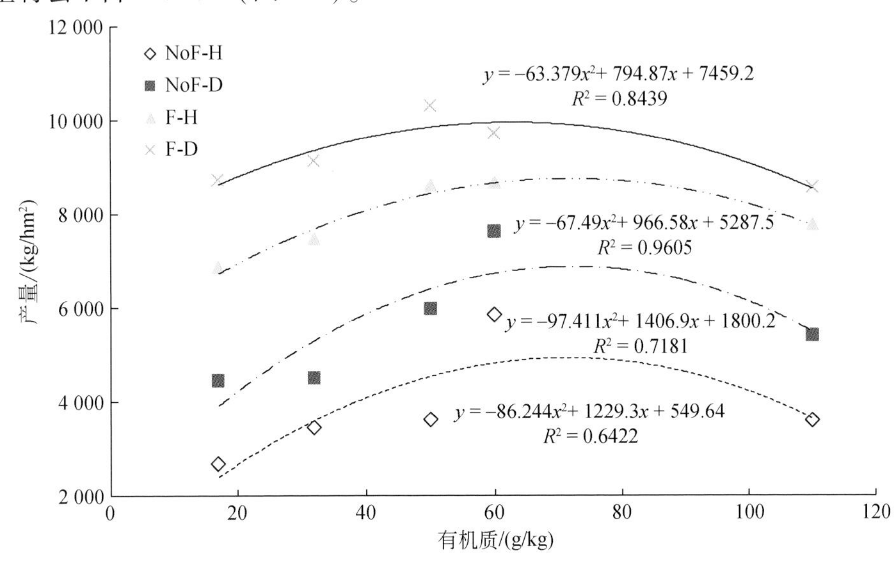

图 4.6　黑土有机质含量与玉米产量的关系

NoF-H 和 NoF-D 分别为海伦市和德惠市黑土不施肥；F-H 和 F-D 分别为海伦市和德惠市黑土施肥。

张兴义提供

二、黑土层厚度对作物产量的影响

已有研究和生产实践证明，位于表层的黑土层对维护作物产量至关重要。黑土水土流失使得土壤从最上层逐渐被剥离，即黑土层变薄。研究表明土壤有机质是土壤肥力的最重要指标，也是最能反映土壤肥力的综合指标。故黑土层变薄，导致土壤肥力下降。以土壤侵蚀速率为 2mm/a 计，每年每平方千米将有 80t 的土壤有机质和 4t 的土壤氮流失掉（图 4.7）。

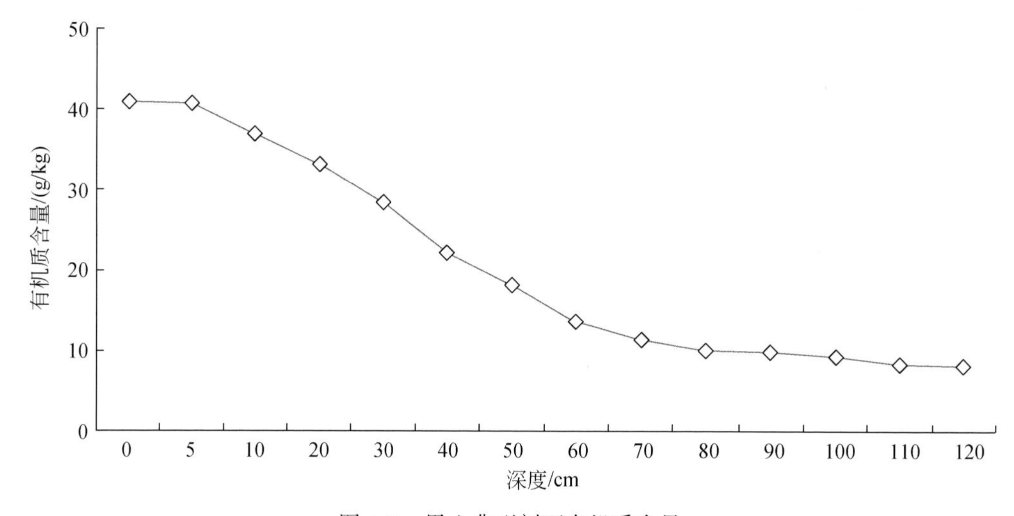

图 4.7　黑土典型剖面有机质含量

黑龙江省海伦市光荣村，2007 年，由张兴义提供

为了明晰黑土层厚度对作物产量的影响，2005 年中国科学院海伦水土保持监测站利用人为剥离的方法，在黑土层厚度为 30cm、坡度为 6°的坡耕地上人工对表层黑土剥离 5cm、10cm、15cm、20cm、30cm，模拟研究不同侵蚀强度下侵蚀对作物生产力的影响。试验表明：侵蚀对玉米的影响明显大于大豆，黑土层剥蚀掉 30cm 即黑土层消失时，玉米产量只有对照的 4.3% ~26.3%，几乎绝产；大豆产量只有对照的 40.8% ~54.9%，减产 40% ~60%。黑土层剥蚀掉 20cm 时，玉米产量是对照的 53.8% ~65.4%，减产30% ~50%；大豆产量是对照的 66.8% ~78.9%，减产 20% ~40%。黑土层剥蚀掉 10cm 时，玉米产量是对照的 81.3% ~95.3%，减产 5% ~20%；大豆产量是对照的 89.9% ~96.9%，减产 3% ~10%（张兴义等，2006，2007）（图 4.8 和图 4.9）。

在黑土层厚度为 30cm 另一田间模拟试验结果显示，黑土层对大豆产量也起到极其重要的作用（图 4.10）。

图 4.8　黑土层厚度田间试验

2005 年 6 月，张兴义拍摄

图 4.9　黑土层厚度田间试验产量

2005 年 10 月，张兴义拍摄

(a) 生长期

(b) 收获期

图 4.10　黑土层对大豆生长和产量的影响

A 为腐殖质层（黑土层）；B 为过渡层（淋溶层）；C 为母质层；处理 1（C）为无黑土层和过渡层，母质裸露，代表黑土完全消失；处理 2（B+C）为只有过渡层和母质层，代表表土消失；处理 3（A+B+C）为土层齐全，代表无侵蚀；处理 4（A+A+B）为双黑土层，下为过渡层，代表表土剥离在下部沉积；处理 5（B+A+A）为过渡层下双黑土层，代表表土剥离在下部进一步沉积。

2016 年，张兴义拍摄

第五章 黑土水土保持

东北黑土区由于独特的漫川漫岗地形地貌，夏季单峰集中降水，加之特有的垄作等，开垦为农田后，坡耕地发生了严重的水土流失，黑土层变薄，已成为我国水土流失严重的区域之一，且是我国唯一面积增加侵蚀强度加剧的区域，被列为国家急需治理的三大区域之一（水利部，2010；张兴义等，2013）。近 10 多年来得到了国家充分重视，自 2003 年起启动东北黑土区水土流失综合治理试点工程以来，水土保持生态建设正式纳入国家规模化治理工程（沈波等，2003）。

第一节 区域水土流失现状

占东北 90% 以上的松辽流域，是东北黑土主要分布区（图 5.1），该区域是我国重要的重工业、石油、木材和商品粮基地，但水土流失严重。2010 年水土流失总面积为 27.59 万 km^2，占总土地面积的 26.8%。其中内蒙古自治区水土流失面积为 9.55 万 km^2，黑龙江省水土流失面积为 11.52 万 km^2，吉林省水土流失面积为 3.11 万 km^2，辽宁省水土流失面积为 3.41 万 km^2。东北黑土区水土流失以水蚀为主，水蚀面积为 17.70 万 km^2，占总土地面积的 17.2%，主要分布在黑龙江省，水蚀面积为 8.86 万 km^2；内蒙古自治区东部，水蚀面积为 4.04 万 km^2；辽宁省，水蚀面积为 3.07 万 km^2；吉林省较少，水蚀面积为 1.73 万 km^2，均以轻度侵蚀为主。主要发生于占旱作农田约 60% 的坡耕地上，采取水土保持措施的较少（水利部，2010）。

松辽流域是我国重要的商品粮基地和生态屏障区，珍贵的黑土资源是粮食生产的基础。虽然重点治理工程已经取得了明显的成效，但水土流失发展的趋势还没有得到全面遏制，局部区域的耕地黑土层变薄，面积减少，土地生产能力降低，洪涝灾害加剧，生态环境恶化的现象频繁发生，严重影响了当地人民群众的生产生活和流域经济的可持续发展。

20 世纪 80 年代的土壤侵蚀分区图和 2014 年处理的侵蚀强度分布图对目前土壤侵蚀和水土流失的研究有重要的参考价值（图 5.2 和图 5.3）。

东北地区山地和丘陵约占总面积的 70%，其中 30% 的面积为森林植被覆盖，其余 40% 是容易发生土壤侵蚀的地区。据初步调查估计，有明显水土流失的面积约为18.5万km^2，占本区土地总面积的15.5%。土壤侵蚀分区原则为：首先根据风蚀和水蚀划分为两大地区，其次根据侵蚀强度与对生产的影响划为6个侵蚀地带，最后根据地貌类型及侵蚀特征分为19个侵蚀区，并标明平原区沉积特点。

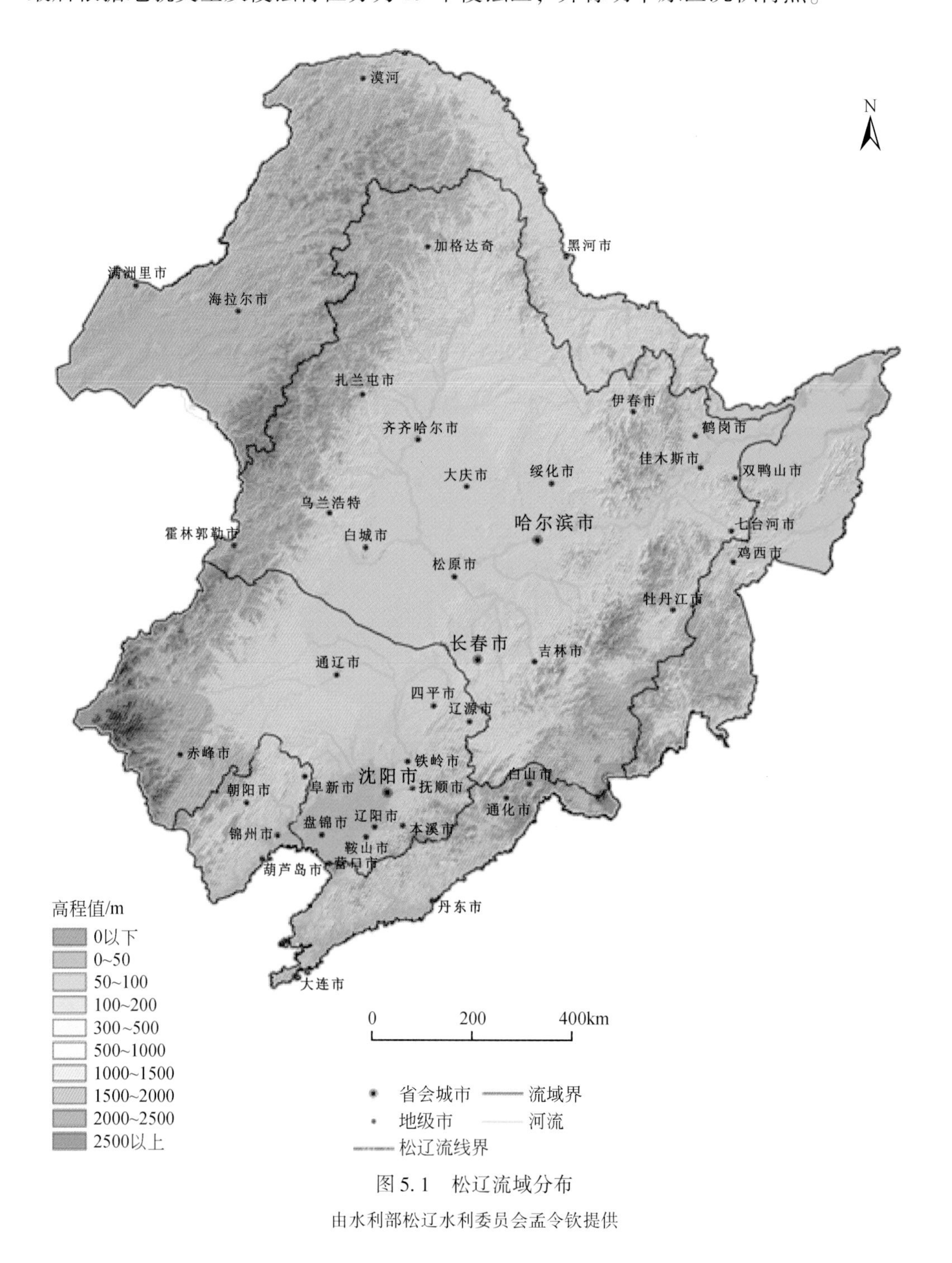

图5.1 松辽流域分布

由水利部松辽水利委员会孟令钦提供

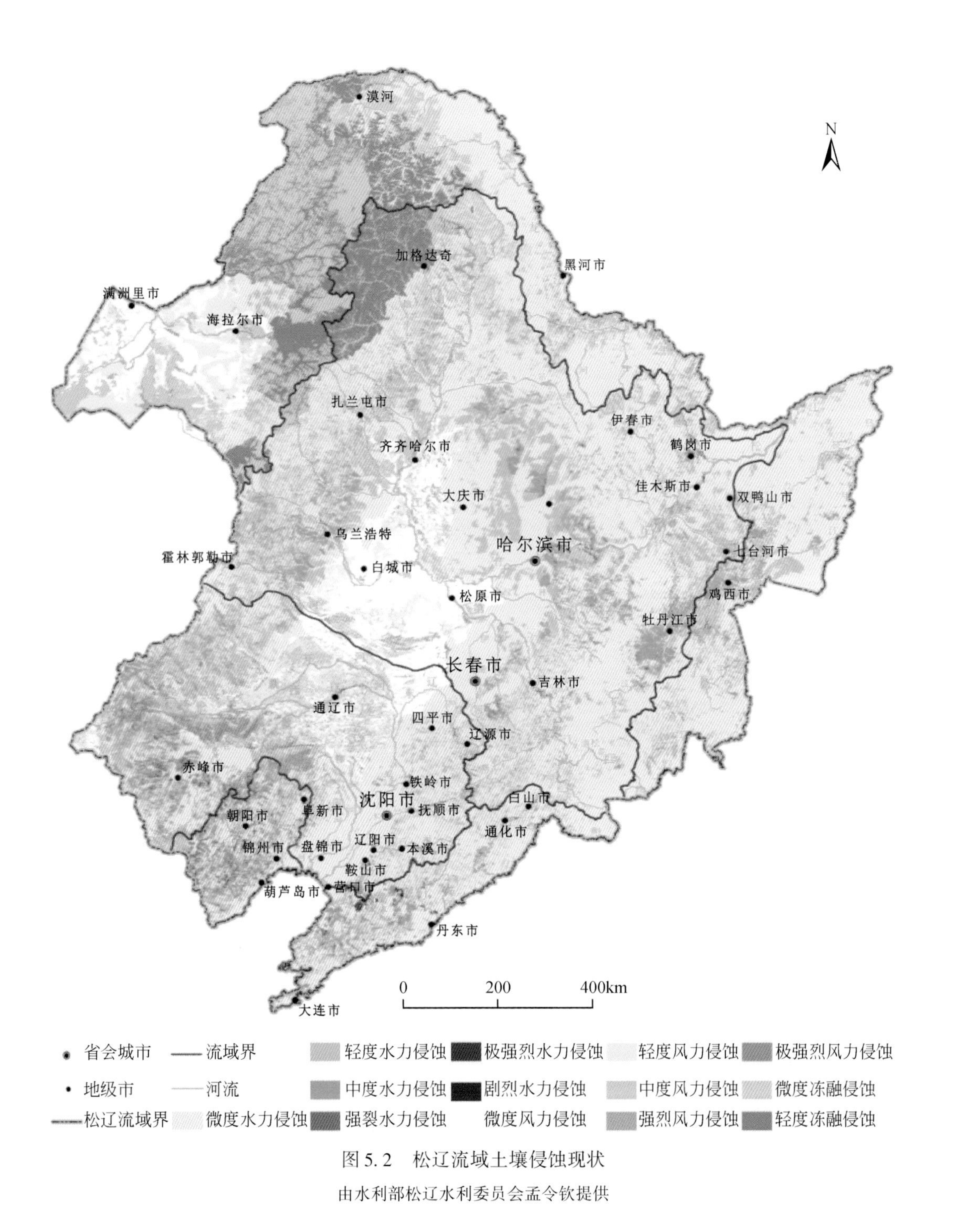

图 5.2　松辽流域土壤侵蚀现状

由水利部松辽水利委员会孟令钦提供

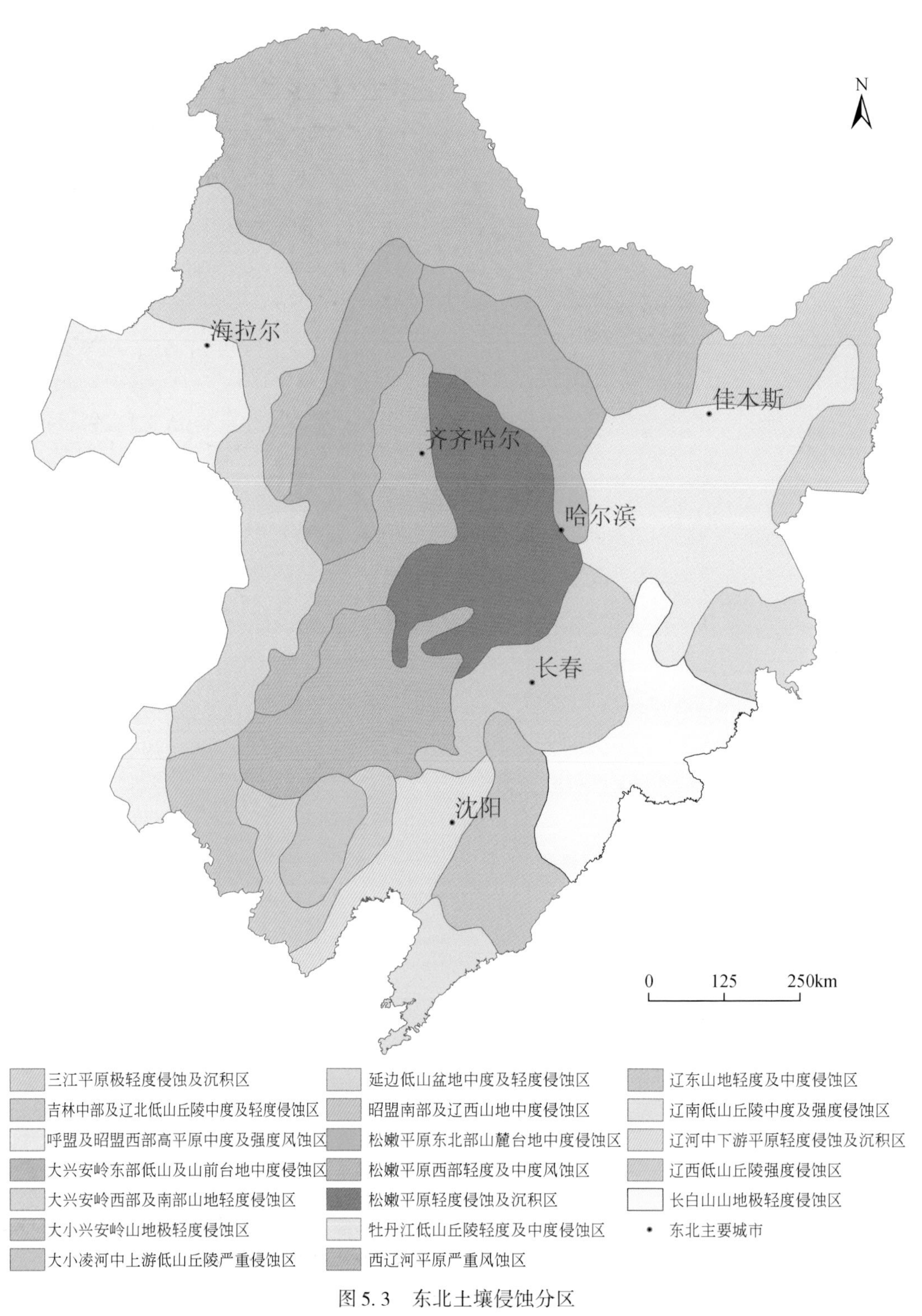

图 5.3　东北土壤侵蚀分区

引自《中国东北土壤》，中国科学院林业土壤研究所 1980 年编著

利用 ArcGIS 软件对 SRTM 90m 分辨率数据进行拼接，根据东三省边界进行裁剪，得到东三省 DEM，之后对其进行侵蚀强度分析。根据水利部《黑土区水土流失综合防治技术标准》对侵蚀强度进行分级，分级标准为：坡度≤0.25°为微度；坡度 0.25°～1.5°为轻度；坡度 1.5°～3°为中度；坡度 3°～4°为强烈；坡度 4°～5°为极强烈；坡度>5°为剧烈，最后得到黑龙江省、吉林省和辽宁省 grid 格式数据（图 5.4～图 5.6）。

东北黑土区水土流失总体表现为坡面侵蚀和沟道侵蚀两个方面，主要发生在已垦坡耕地上。东北农作的一个显著特征是垄作，且多为顺坡或斜坡垄作，夏季雨季时雨水汇集到垄沟，当有比降存在，将沿垄沟发生地表径流，对耕地造成侵蚀，坡面上部和中部表土被剥离并迁移至下部沉积（图 5.7 和图 5.8）。

当坡面存在局部微地貌变化，地表径流汇集成股流，进一步发生沟道侵蚀，生成侵蚀沟。

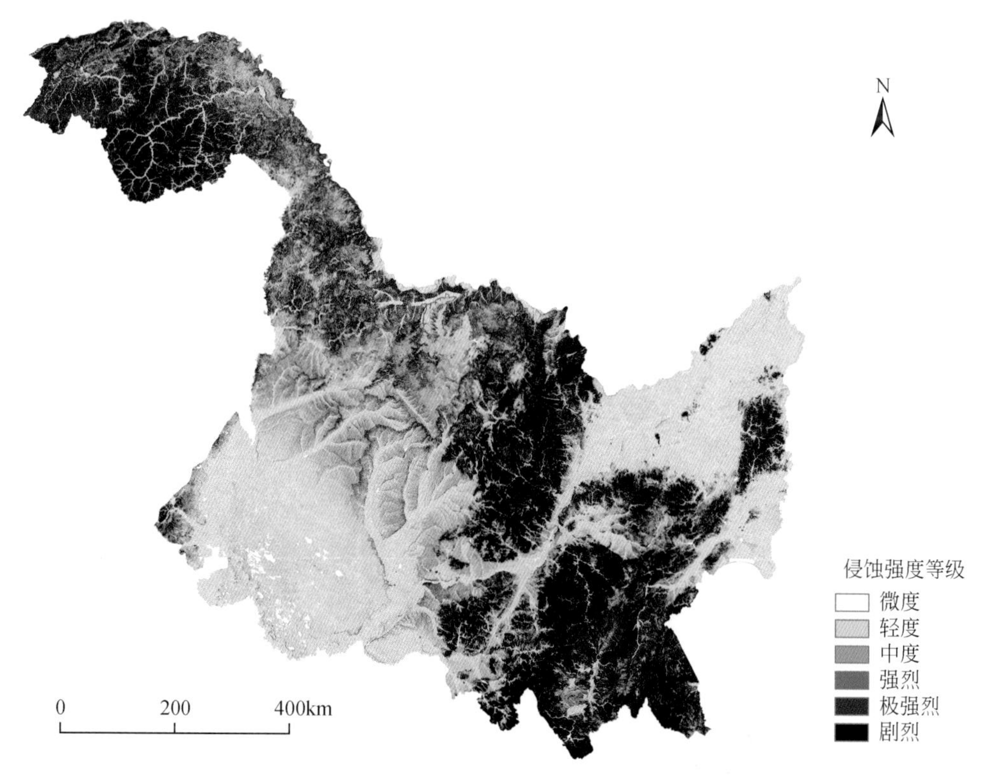

图 5.4　黑龙江省土壤侵蚀强度分布

SRTM 90m 分辨率数据，根据水利部《黑土区水土流失综合防治技术标准》对侵蚀强度进行分级。

国家地球系统科学数据共享服务平台——东北黑土科学数据中心编制，http://northeast.geodata.cn

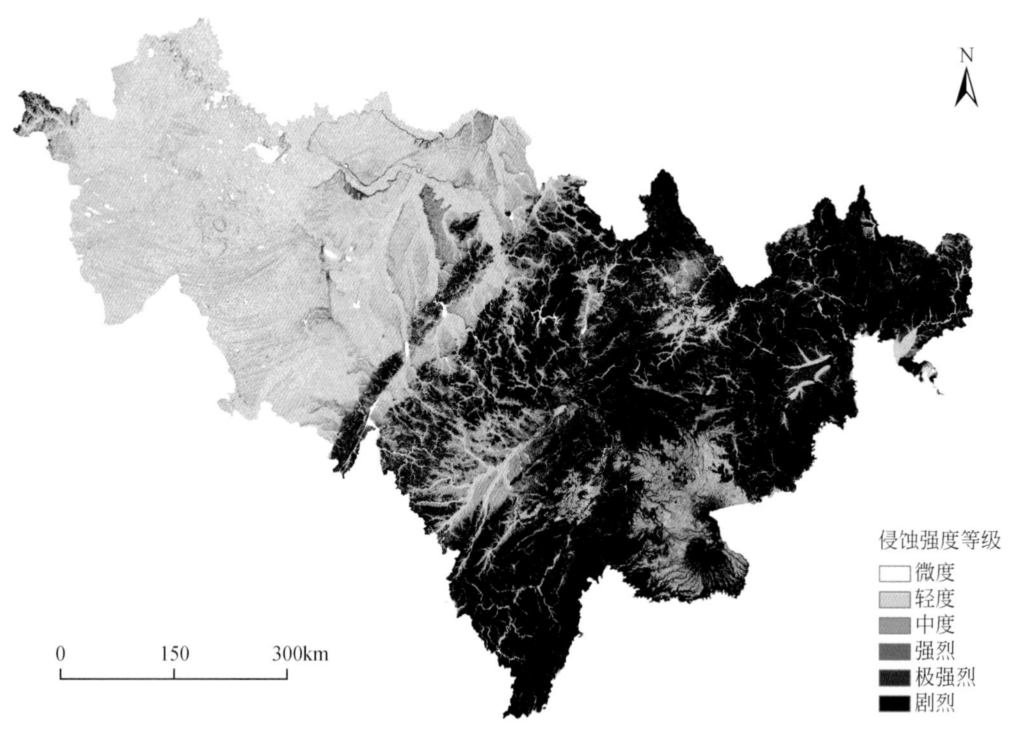

图 5.5　吉林省土壤侵蚀强度分布

SRTM 90m 分辨率数据，根据水利部《黑土区水土流失综合防治技术标准》对侵蚀强度进行分级。

国家地球系统科学数据共享服务平台——东北黑土科学数据中心编制，http：//northeast. geodata. cn

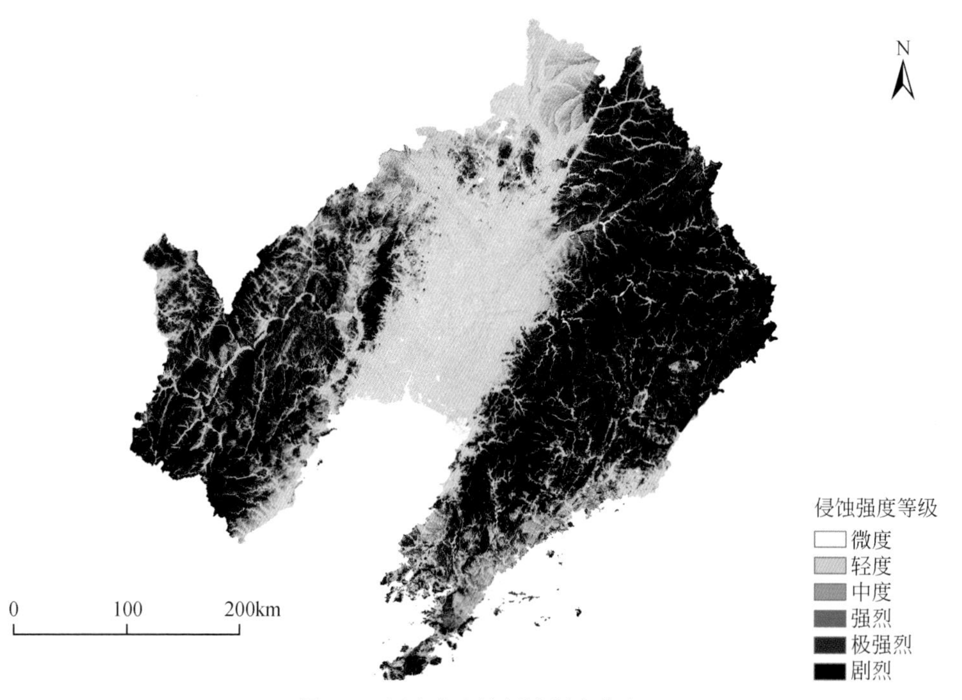

图 5.6　辽宁省土壤侵蚀强度分布

SRTM 90m 分辨率数据，根据水利部《黑土区水土流失综合防治技术标准》对侵蚀强度进行分级。

国家地球系统科学数据共享服务平台——东北黑土科学数据中心编制，http：//northeast. geodata. cn

图 5.7　坡面侵蚀

黑龙江省八五五农场，2013 年 6 月，张兴义拍摄

图 5.8　沟道侵蚀

黑龙江省八五五农场，2013 年 6 月，张兴义拍摄

一、水土流失的主要危害

（一）黑土层变薄、土地生产能力降低

坡面侵蚀导致表土被剥离、迁移，黑土层变薄，土壤有机质含量也明显降低，有机质含量平均由开垦前的12%下降到2010年的2.3%，土壤结构、性状也发生了一定变化，土地生产能力大幅度下降。吉林省双阳市四家子乡农田，过去种玉米亩[①]产300多千克，由于水土流失，土地生产能力大幅度下降，目前只能改种大豆和谷子，亩产也仅为65kg左右，面临弃耕的威胁（图5.9～图5.12）。

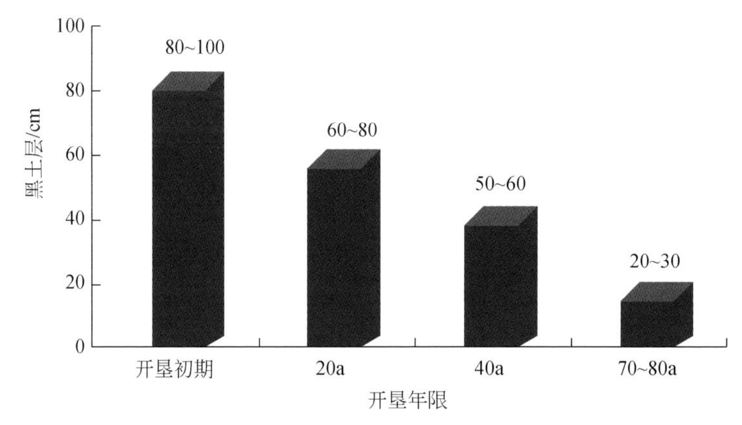

图5.9　不同开垦年限土1层厚度变化趋势

由水利部松辽水利委员会孟令钦提供

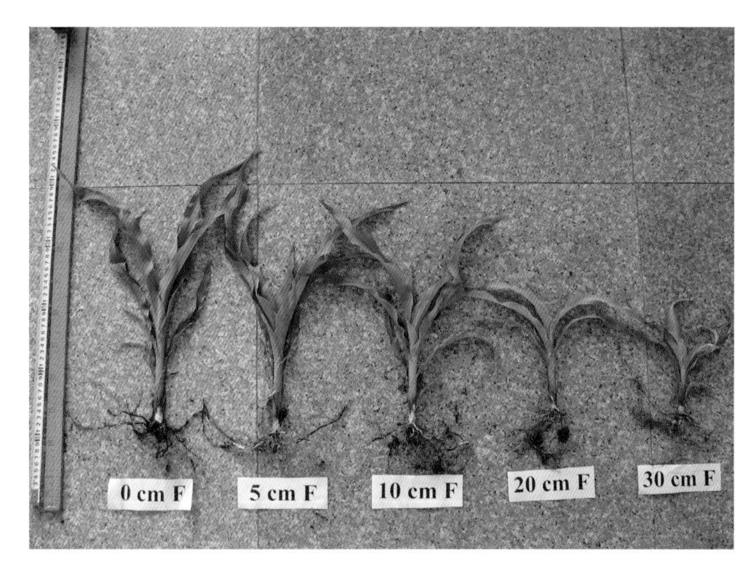

图5.10　不同剥蚀黑土层厚度下玉米生长状况

2007年6月，张兴义拍摄

① 1亩≈666.67m^2。

图 5.11　黑土层剖面现状

由水利部松辽水利委员会孟令钦提供

图 5.12　农田和侵蚀沟现状

由水利部松辽水利委员会孟令钦提供

（二）吞噬耕地、毁坏家园

沟道侵蚀造成耕地支离破碎，除影响机械耕种外，还造成大面积土地弃耕、危及村庄，破坏农业生产和农村生活条件，对群众生命财产安全造成严重威胁。图 5.13 和图 5.14 为九三农场鹤北 8 号小流域同一地点侵蚀沟发展演变过程。

（三）淤积河道、水库，加剧洪涝灾害

水土流失致使大量泥沙下泄，淤塞水库湖泊和下游河道，削弱了水库滞洪、蓄洪和河道泄洪能力，加剧洪涝灾害。柳河泥沙淤积造成柳河河底高出新民县城 8m，辽河干流巨流河至六间房河段平均每年淤高 10cm，形成“地上悬河”，对周围地区造成严重威胁。由于泥沙淤积，2010 年松花江哈尔滨段的滨州桥下游淤积的沙滩长达 3400 多米，淤积量达 490 多万立方米，比 50a 前增高 4m 多。这座 11 孔铁路桥原有 8 孔可以通航，现只剩两孔能容船只通过。1998 年松花江、嫩江特大洪水造成直

接经济损失800亿元，受灾人口达1000余万人次，主要原因之一就是水土流失造成河床抬高，降低了河道的行洪能力（图5.15和图5.16）。

(a) 春季融雪侵蚀形成浅沟

(b) 夏季几场降水后形成切沟

(c) 秋季机械将切沟填平

图5.13　沟道侵蚀

由水利部松辽水利委员会孟令钦提供

图5.14　2006年7月16日夏季在原地形成新的浅沟

由水利部松辽水利委员会孟令钦提供

(四) 土地沙化，生态环境恶化

过度放牧、草原垦殖、不合理耕作等造成水土流失，降低了土壤结构，造成土地板结、结构变差。水土流失加剧了土地沙化过程，形成了“水土流失—土地沙化—加剧流失”的恶性循环，生态环境不断恶化，甚至会出现扬尘、沙尘暴等极端天气。土地沙化又造成土地生产力下降，产量下降，加剧该地区的贫困（图5.17和图5.18）。2010年3月31日下午，内蒙古自治区科右中旗境内出现沙尘暴天气，最小能见度不足100m，整个街区笼罩在暗黄的沙尘当中（图5.19）。

图 5.15　松花江淤积

由水利部松辽水利委员会孟令钦提供

图 5.16　通辽市开鲁县新开河堤防发生决堤

由水利部松辽水利委员会孟令钦提供

图 5.17　草场沙化

由水利部松辽水利委员会孟令钦提供

图 5.18　吉林省西部半流动沙丘

由水利部松辽水利委员会孟令钦提供

图 5.19　内蒙古自治区科右中旗境内出现沙尘暴天气
由水利部松辽水利委员会孟令钦提供

二、沟道侵蚀

土地退化最为严重的表现是沟道侵蚀，其在东北黑土区显著，全国第一次水利普查为东北黑土区设立侵蚀沟专项普查（2013 年），东北黑土区侵蚀沟长度超过 100m 的有 29.6 万条（表 5.1 和图 5.20），仅沟道本身面积就损毁土地约 4000km^2（水利部，2013）。

表 5.1　东北四省（自治区）侵蚀沟数量、面积、密度

指标	黑龙江	吉林	辽宁	内蒙古
侵蚀沟/条	115 535	62 978	47 193	69 957
侵蚀沟面积/km^2	928.99	373.71	198.61	2 147.11
沟壑密度/(km/km^2)	0.12	0.13	0.17	0.38

资料来源：《第一次全国水利普查水土保持情况公报》（水利部，2013）

东北黑土区的侵蚀沟明显不同与我国其他区域的侵蚀沟，具体表现在：①60%以上侵蚀沟分布于耕地中，平均损毁耕地0.5%；②88.7%的侵蚀沟处于发展状态；③以中小型侵蚀沟为主，平均长度为661.3m，平均面积为1.23hm^2；④沟道侵蚀整体处于加剧的发展态势。

侵蚀沟切割土地，造成土地不能再生产，彻底销毁了土地的生产能力。恶化生态，威胁人民生活。

吉林省榆树大沟未治理前，土壤侵蚀模数达到11万m^3/(km^2·a)，超过了黄土高原。沟壑长度在1000m以上，宽为50～60m，深为20～46m，已吞噬耕地2.09km^2，造成人畜伤亡10余起，房屋搬迁150余户（图5.21～图5.23)，仍呈发展态势，危害加剧。

图5.20　沟毁耕地

由水利部松辽水利委员会孟令钦提供

通过黑土区侵蚀沟典型遥感调查，在乌裕尔河和讷谟尔河流域约4万km^{2}范围内，1965～2005年新增侵蚀沟1.2万条，侵吞了优质黑土耕地81.84km^2（图5.24和图5.25)。乌裕尔河和讷谟尔河流域不同年代侵蚀沟分布。

图 5. 21　榆树大沟群航片

由水利部松辽水利委员会孟令钦提供

图 5. 22　榆树大沟局部

由水利部松辽水利委员会孟令钦提供

图 5.23　沟毁土地生态退化

由水利部松辽水利委员会孟令钦提供

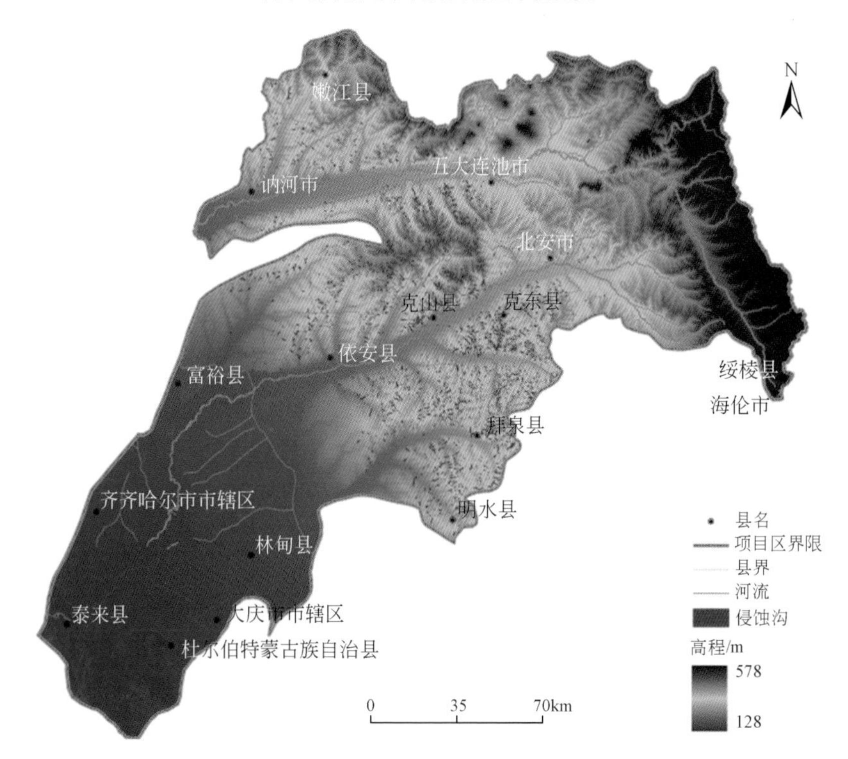

图 5.24　1965 年乌裕尔河和讷谟尔河流域项目区侵蚀沟分布

由水利部松辽水利委员会孟令钦提供

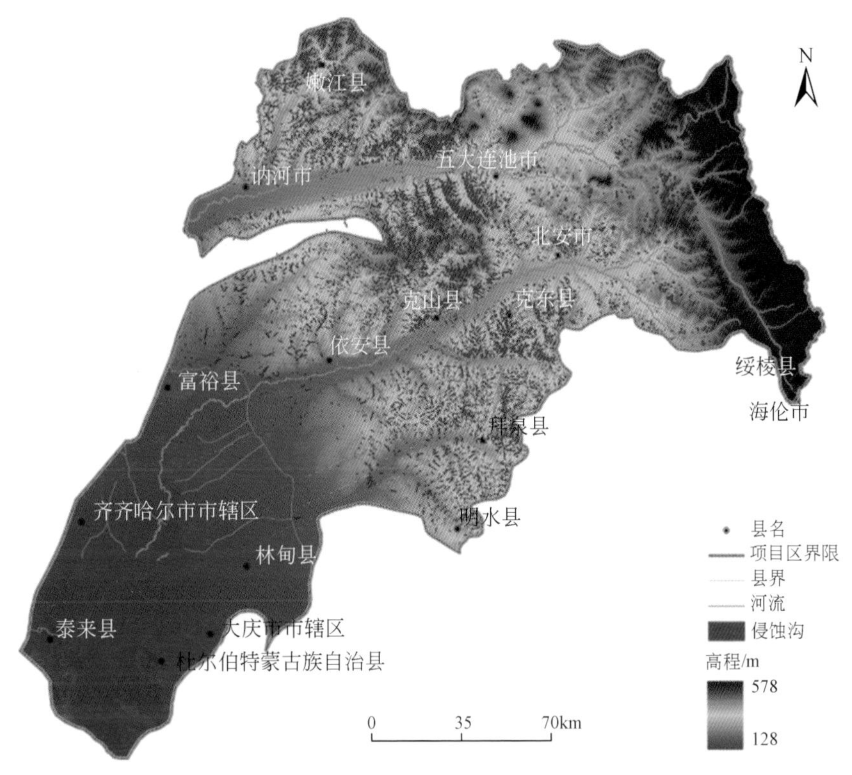

图 5.25　2005 年乌裕尔河和讷谟尔河流域项目区侵蚀沟分布

由水利部松辽水利委员会孟令钦提供

第二节　典型区域水土流失现状

一、引龙河农场沟道

引龙河农场位于五大连池市的中部，小兴安岭南缘丘陵地带，地势北高南低，地形起伏多变，河流和荒沟纵横交错。地理坐标为 126°20′E ~ 126°42′E，48°40′N ~ 49°02′N。年降水量为 450 ~ 550mm，全年有效积温为 2100℃，无霜期为 105 ~ 118d。农业生产主要种植大豆和玉米，畜牧业主要饲养黄牛、马和羊等。引龙河为嫩江东岸二级支流，山溪性河流，发源于小兴安岭西侧，自东北向西南行，流经龙门、襄河和引龙河等农场，最后注入讷谟尔河。每年 11 月上旬至次年 4 月中旬为结冰期。引龙河农场建于 1955 年，土壤类型为典型黑土居多，土地总面积超过 40 000hm^2，绝大部分土地为岗坡耕地。在历经了近 60a 的开垦与发展后，农场土壤侵蚀严重，侵蚀沟纵横交错，对于农场生产、发展起到了一定的制约作用。

研究发现，阴坡面积为 9728hm^2，阳坡面积为 43191hm^2，阳坡面积远远超过阴坡面积。阴坡共有侵蚀沟 200 条，阳坡有侵蚀沟 247 条，两者侵蚀沟数量相差不大，但是单位面积内侵蚀沟数量阴坡远远超过阳坡。对比沟壑密度和单位面积内的毁地面积，阴坡沟壑密度为 0.48km/km^2，阳坡沟壑密度为 0.12km/km^2；阴坡单位面积内的毁地面积达到 0.2hm^2/km^2，阳坡单位面积内的毁地面积为 0.06hm^2/km^2。阴坡所有侵蚀沟的毁地面积达 16.5hm^2，阳坡所有侵蚀沟的毁地面积达 26hm^2。阳坡耕地面积为 27 083.9hm^2，占全部耕地总面积的 90% 以上。阴坡有新成沟 92 条，阳坡有新成沟 127 条（图 5.26 ~ 图 5.28）。

图 5.26　引龙河农场 3D 示意图

通过 Quick Bird 2014 年 4 月遥感影像处理

图 5.27　引龙河农场侵蚀沟分布

中国科学院东北地理与农业生态研究所 2013 年制，通过实地考察，
并结合遥感影像分析处理完成，红色表示侵蚀沟位置

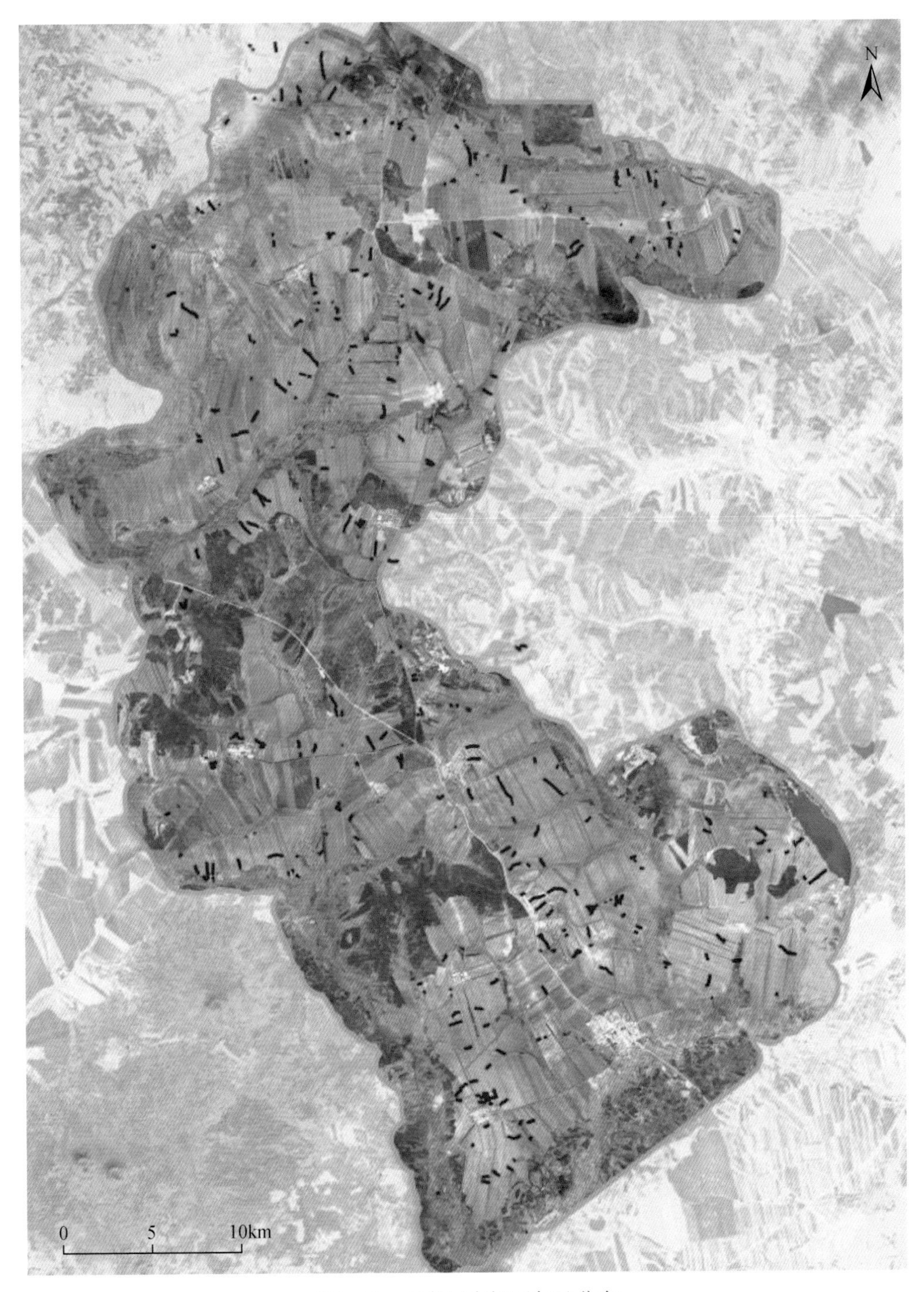

图 5. 28　引龙河农场可复垦分布

中国科学院东北地理与农业生态研究所 2013 年制，实地考察，结合遥感影像处理并设计出复垦方案，由国家地球系统科学数据共享服务平台——东北黑土科学数据中心提供

二、共青农场沟道

共青农场为黑龙江省农场总局系统国有农场，隶属农场管理局。位于宝泉岭分局与萝北县之间，在萝北县境内，西北靠小兴安岭余脉的东北侧，西以嘟噜河为界，与宝泉岭农场相邻，东与名山农场相接，西北、东南与萝北县各乡相连。地理坐标为130°31′E～131°02′E，47°22′N～47°42′N。地势西北高、东南低，东部平原坡度在6°以下，西北部平均坡度在8°左右。全场耕地黑土地较薄，基础养分低（图5.29～图5.32）。

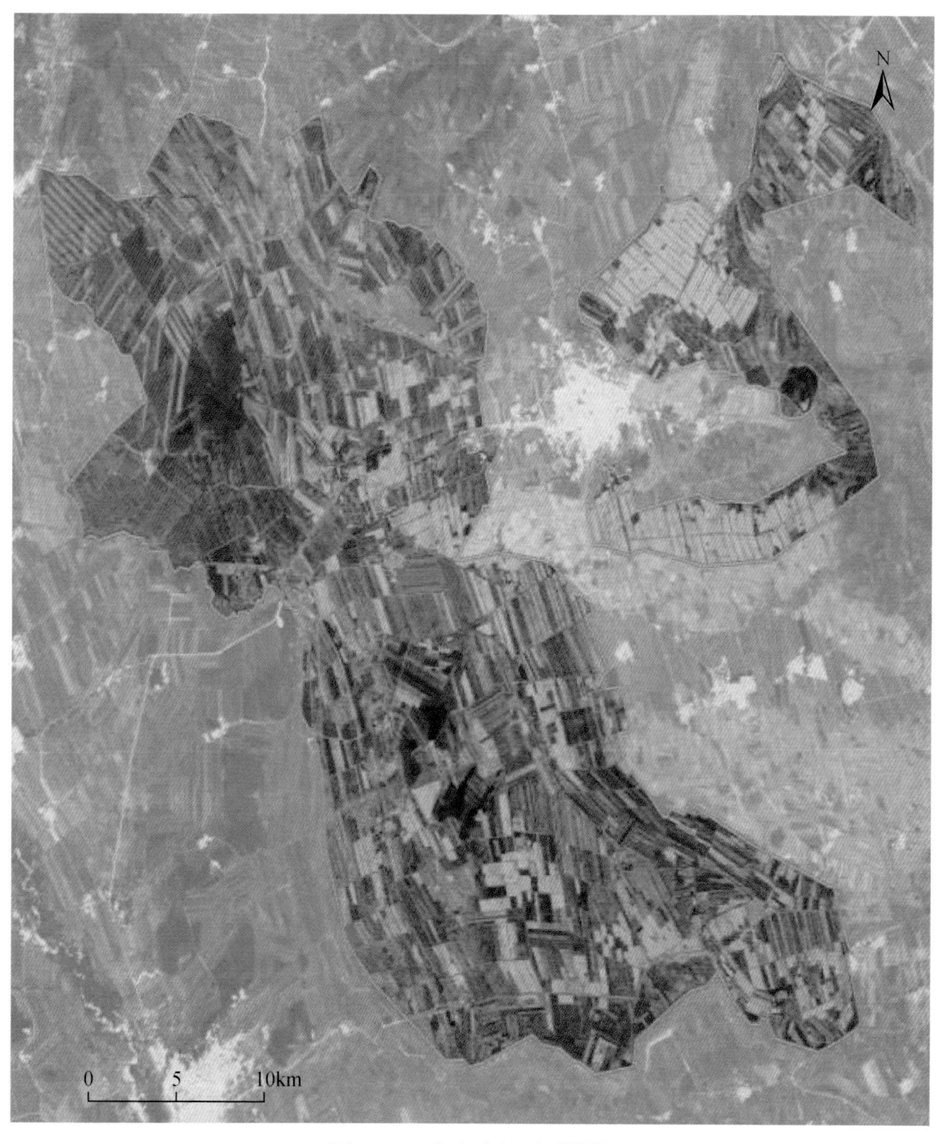

图5.29 共青农场遥感影像

中国科学院东北地理与农业生态研究所2013年制，2016年7月Quick Bird数据，结合共青农场调查数据综合处理，由国家地球系统科学数据共享服务平台——东北黑土科学数据中心提供

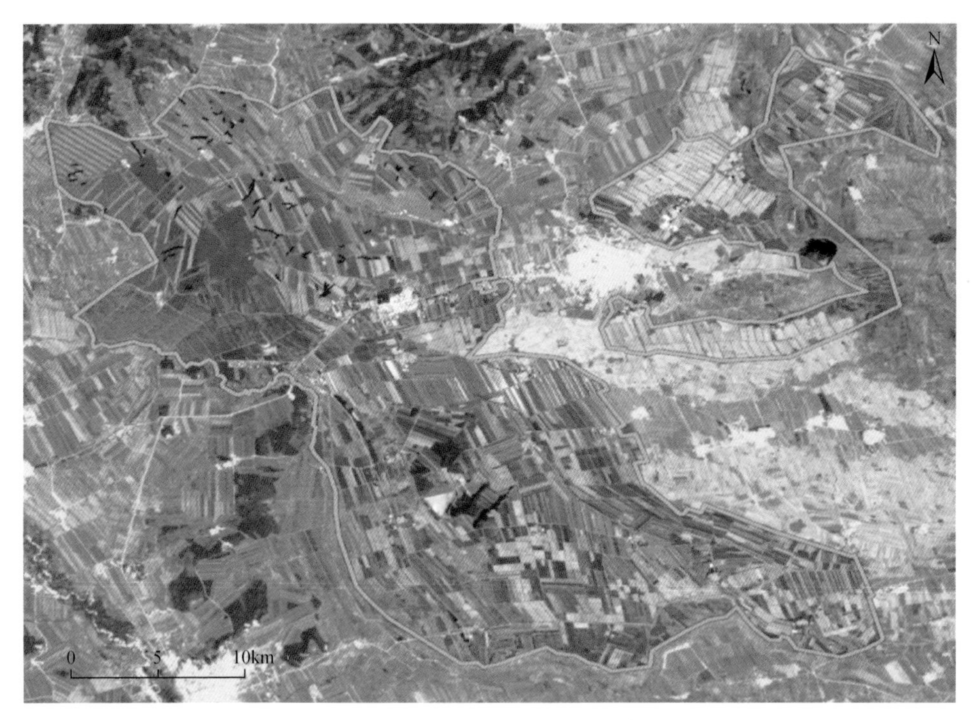

图 5.30　共青农场侵蚀沟分布

中国科学院东北地理与农业生态研究所 2013 年制，2016 年 7 月 Quick Bird 数据，结合共青农场侵蚀沟调查数据综合处理，由国家地球系统科学数据共享服务平台——东北黑土科学数据中心提供

图 5.31　共青农场侵蚀沟分布

中国科学院东北地理与农业生态研究所 2013 年制，2016 年 7 月 Quick Bird 数据，结合共青农场侵蚀沟调查和治理措施数据综合处理，由国家地球系统科学数据共享服务平台——东北黑土科学数据中心提供

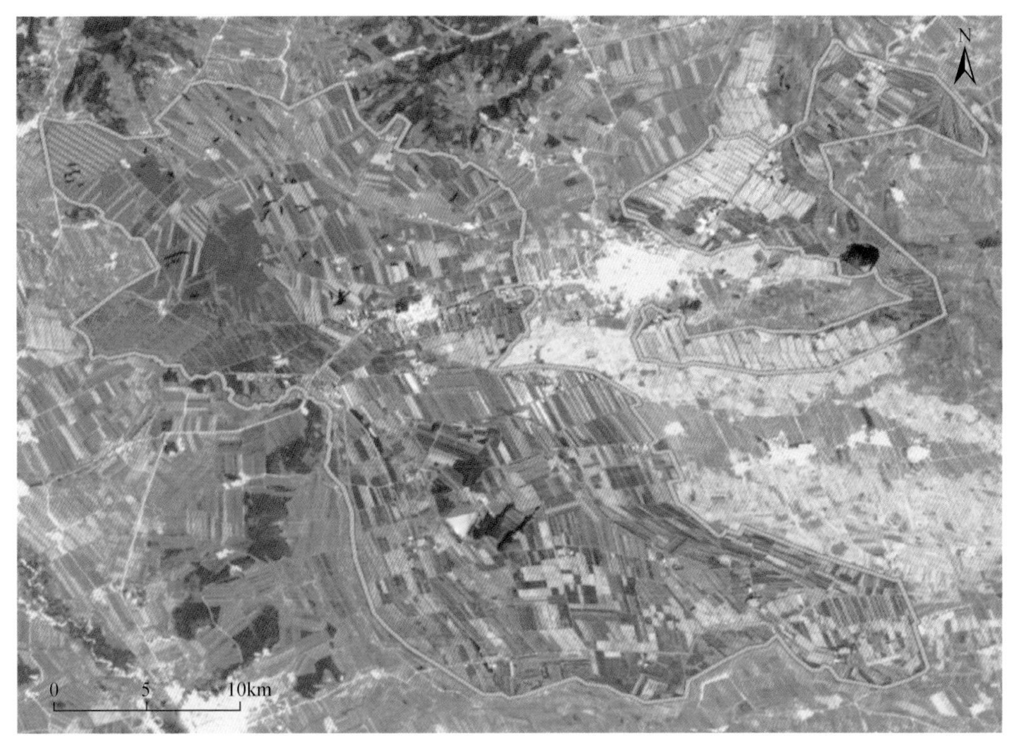

图 5.32　共青农场侵蚀沟分布

中国科学院东北地理与农业生态研究所 2013 年制，2016 年 7 月 Quick Bird 数据，结合共青农场侵蚀沟调查和治理措施数据综合处理，由国家地球系统科学数据共享服务平台——东北黑土科学数据中心提供

三、八五五农场沟道

八五五农场位于黑龙江省牡丹江地区东部密（山）虎（林）铁路线的西北侧，场区地理坐标为 131°8′E ~ 131°50′E，45°38′N ~ 46°00′N，在密山市、宝清县、七台河市的行政区划内。地势为此区的山前台地，四周环山，地形起伏，岗谷交错，变化复杂，西北较高，东南较低，海拔最高为老黑背山，为 683.7m，最低为 120 ~ 130m。场区内有大砬子、老黑背、七里嘎、老爷岭、鹿山等山峰。耕地坡度较为平缓，一般在 3°左右。农场南北长为 40km，东西宽为 39.5km，纵横跨越为 1580km^2，土地总面积为 5.6 万 hm^2。

本场区境内多丘陵漫岗，有 1/3 的农业生产队在山区，农业生产队布局多为扇形，耕地集中于漫岗及沟壑水线两侧，便于机械作业。林地资源较丰富，场区内有小的河流 5 条。北为饶力河水系的上游、中游，南为穆陵河水系的上游金沙河、小裴德河，还有沟壑水线密布全场，但河道弯曲，河床狭窄，一般年份在雨季经常漫溢出槽，枯水期则间歇断流。总长度为 954km，流域总面积为 760km^2，流径总量为 1.25 亿 m^3，水域为 469.9hm^2，占总面积的 0.8%（图 5.33 ~ 图 5.35）。

图5.33　八五五农场侵蚀沟分布

2017年7月Quick Bird数据，结合八五五农场侵蚀沟调查数据综合处理，由国家地球系统科学数据共享服务平台——东北黑土科学数据中心提供

图5.34 八五五农场可复垦沟分布

2017年7月Quick Bird数据，结合八五五农场侵蚀沟调查和治理措施数据综合处理，

由国家地球系统科学数据共享服务平台——东北黑土科学数据中心提供

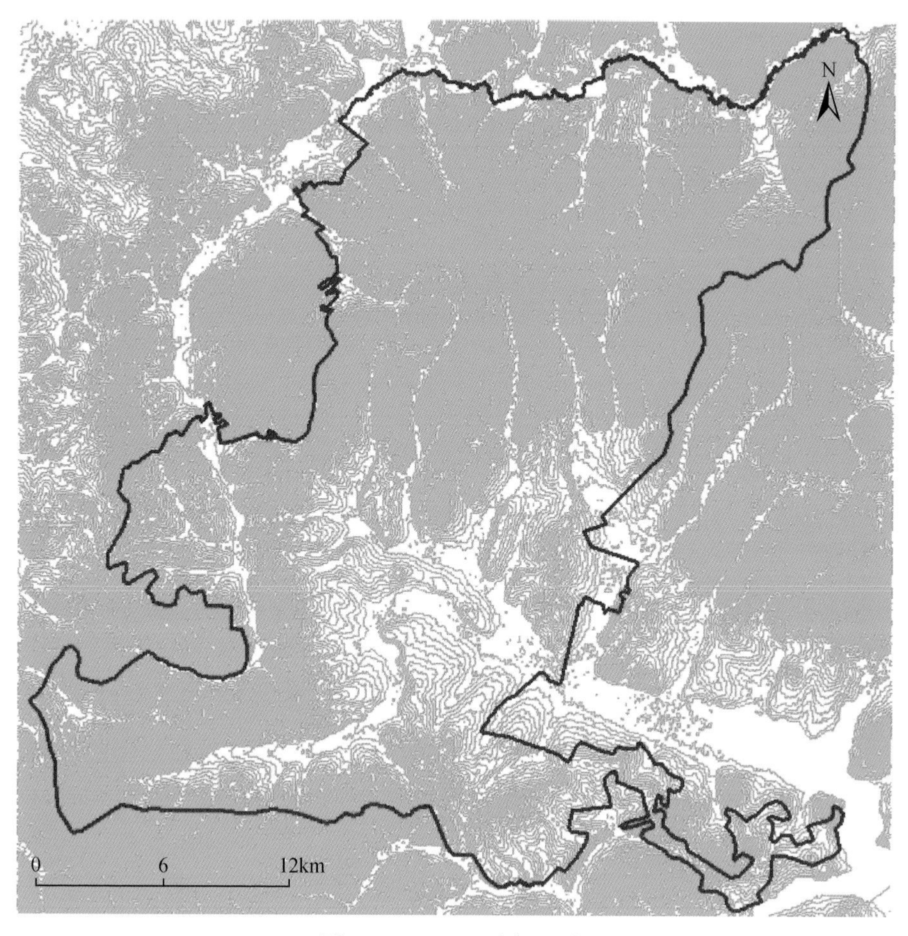

图 5.35　八五五农场地形

实地勘测并结合遥感影像，90m 分辨率 SRTM 数据综合处理，由国家地球系统科学数据共享服务平台——东北黑土科学数据中心提供

四、拜泉县水土流失状况

拜泉县隶属于黑龙江省中部偏西，地处小兴安岭余脉与松嫩平原的过渡地带，地理坐标为 125°30′E～126°31′E，47°20′N～47°55′N，行政隶属齐齐哈尔市。

拜泉县地处中高纬度，欧亚大陆东岸，属中温带大陆性季风气候。年平均降水量为 490mm，年平均积温为 2454℃，年平均日照为 2730h，无霜期为 122d。

拜泉县为东北漫川漫岗黑土区最为严重的“克拜”区，水土流失是拜泉县集中反映的问题，也是导致生态进一步恶化的根源。全县总面积为 3599km^2，耕地面积为 2406.7km^2，水土流失面积为 2155.3km^2，占总面积的 60%，耕地水土流失面积为 1706.7km^2，占耕地面积的 70%。该县有各类侵蚀沟 27 000 多条，总长度为 1120km，沟壑密度为 0.31km/km^2。其中，仅黄家沟等 6 条小流域就有侵蚀沟 1764 条，侵吞耕地面积达 1890hm^2，占该区耕地面积的 14.4%（图 5.36～图 5.38）。

图 5.36 拜泉县 2000 年土地利用

Landsat TM 土地利用遥感解译数据

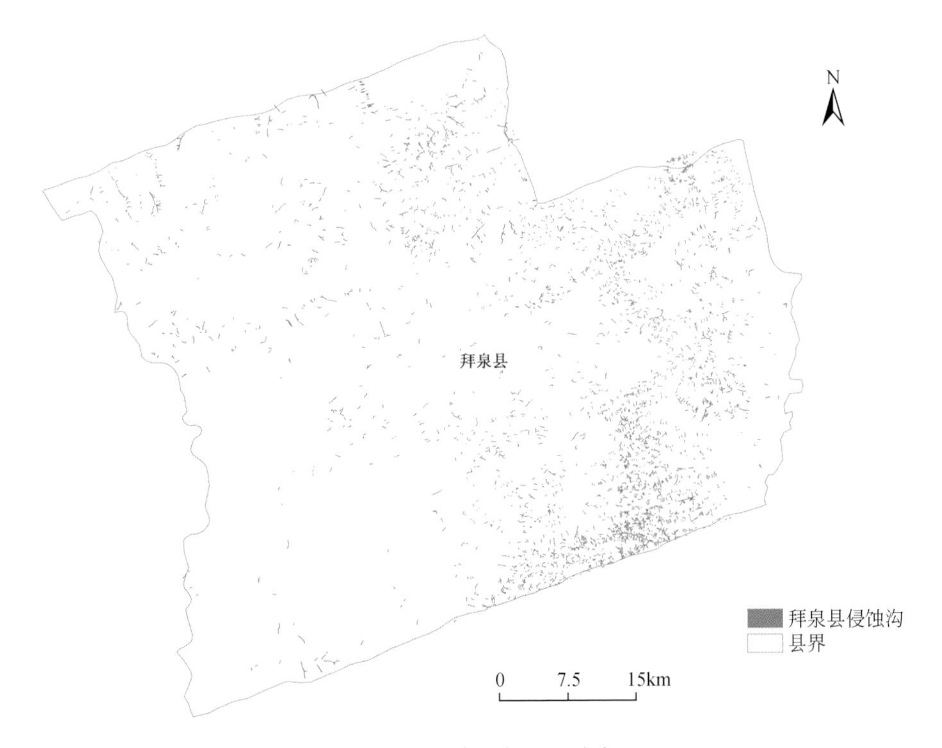

图 5.37 拜泉县侵蚀沟分布

遥感影像数据结合侵蚀沟实地考察综合处理，侵蚀沟数据来源于水利部松辽水利委员会

图 5.38　拜泉县冻融重力耦合侵蚀

2015 年 5 月，张兴义拍摄

五、海伦市水土流失状况

海伦市是黑龙江省产粮大县级市，是我国大豆主产地，位于黑龙江省中部，地处小兴安岭山地向松嫩平原的过渡地带。地势从东北到西南由丘陵、高平原、河阶地、河漫滩依次呈阶梯形逐渐降低，地形地貌复杂，具有漫川漫岗、坡缓坡长、岗川交错、岗洼相间等特点。全市辖区面积为 4667.3km^2，其中耕地、林地、草地、荒地、水面和其他面积分别占总面积的 57.1%、13.1%、0.4%、16.8%、6.1% 和 6.5%。海伦市的气候属温带大陆性季风气候，冬季寒冷干燥，夏季高温多雨，年平均气温为 1～2℃，年降水量为 500～600mm，常年有效积温为 2300～2600℃，无霜期为 100～140d。流经全市的主要有通肯河、克音河、扎音河、海伦河、三道乌龙沟 5 条河流，将市域切割包围呈“目”字形。地表径流年际变化大，年平均自然径流总量为 4.082 亿 m^3，径流深为 340mm。截至 2010 年，全市蓄水动作的大型、中型水库为 5 座，小型水库为 17 座，总净蓄水量为 1.497 亿 m^3。多年来，共治理 3000hm^2 以上涝区 3 处，修建防洪堤为 228km，修建 600hm^2 以上的灌区 5 处，设计灌溉面积为 18 200hm^2。2000 年底，全市水土流失面积为64 709hm^2，占总面积的 35%。在水土流失面积中，水蚀面积为 123 264hm^2、风蚀面积为 41 445hm^2，分别占流失面积的

74.7%、25.2%。全市年平均土壤侵蚀模数为4467t/km²，轻度侵蚀面积为101 302hm²、中度侵蚀面积为45 332hm²、重度侵蚀面积为18 075hm²，分别占流失面积的61.5%、27.5%、11%。海伦市现有大于100m侵蚀沟4124条，沟道面积33.4km²，沟道长度2181km（图5.39）。

图5.39　海伦市侵蚀沟分布

遥感影像数据结合侵蚀沟实地考察综合处理，侵蚀沟数据来源于水利部松辽水利委员会

中国科学院东北地理与农业生态研究所通过对海伦市前进乡光荣村22.4km^{2}村级尺度调查研究发现，从1968年到2009年，侵蚀沟数量从186条降低到169条，但平均长度由272.4m增加到857.0m，平均宽度由7.4m增加到13.3m。41年间光荣村侵蚀沟密度由2.3km/km^{2}增加到2.6km/km^2，但沟道面积占该区域总面积翻倍，由1.7%增加到3.5%，损毁耕地高达9.3%（表5.2，图5.40～图5.44）。

表5.2　1968～2009年沟道侵蚀变化

指标	1968年	2009年
侵蚀沟/条	186	69
长度/m	272.4	857.0
平均宽度/m	7.4	13.3
沟壑密度/(km/km^2)	2.3	2.6
沟毁地面积/%	1.7	3.5

资料来源：Li等（2016）

图5.40　海伦市农田景观

2016年5月，李浩采用微型航天器拍摄

图 5.41　坡耕地水土流失

2008 年 8 月，张兴义拍摄

图 5.42　融雪侵蚀

2017 年 4 月，李浩拍摄

图 5.43　海伦市光荣村农田沟道侵蚀

2015 年 8 月，李浩采用微型航天器拍摄

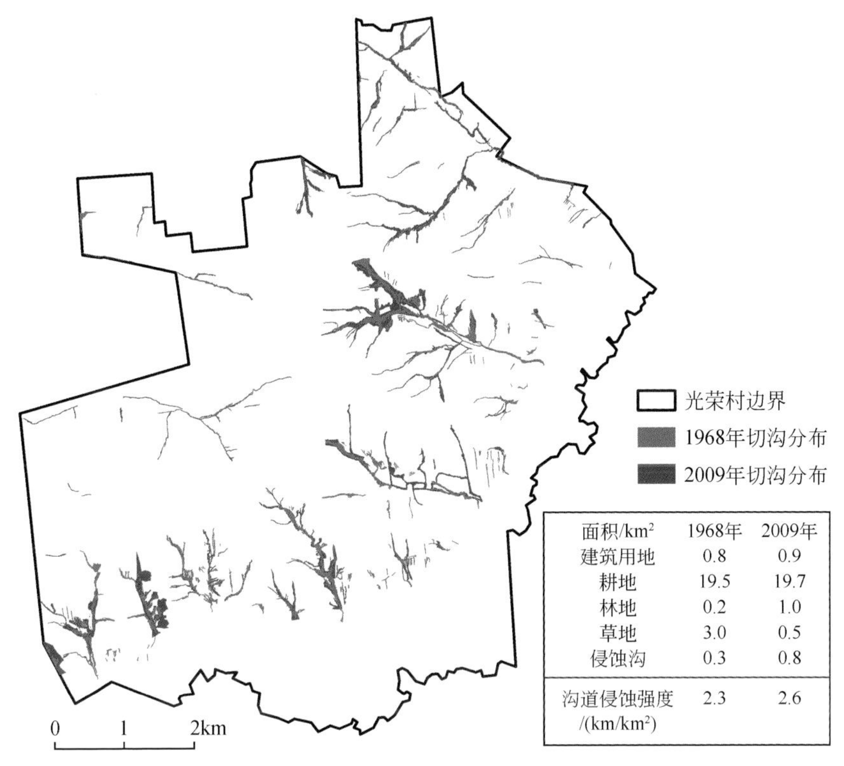

面积/km²	1968年	2009年
建筑用地	0.8	0.9
耕地	19.5	19.7
林地	0.2	1.0
草地	3.0	0.5
侵蚀沟	0.3	0.8
沟道侵蚀强度/(km/km²)	2.3	2.6

图 5.44 光荣村 1968 ~ 2009 年切沟变化图

六、穆棱市水土流失状况

穆棱是隶属于黑龙江省牡丹江市的县级市，位于黑龙江省东南部，地理坐标为129°45′19″E ~ 130°58′07″E，43°49′55″N ~ 45°07′16″N。行政区总面积为6187km²，人口为30万人（截至2011年），辖6镇2乡127个行政村。

穆棱市属于中纬度北温带大陆性季风气候。冬季漫长寒冷干燥，夏季较湿热多雨，春秋季风交替气温变化急剧，秋天常见早霜。极端最低气温为-44.1℃，最高气温为35.7℃。年平均降水量为530mm，降水集中在6 ~ 8月，无霜期为126d左右，年平均日照为2613h，特别适合作物生长。

穆棱市地势南高北低，东西两侧高，中部低。山脉属长白山系老爷岭山脉，呈西南东北走向。平均海拔为500 ~ 700m，同牡丹江市接壤的大架子山（牡丹峰），海拔为1117m，是全市最高峰。穆棱市内山多水阔，具有“九山半水半分田”的地貌特征。东北黑土区约有70%的水土流失发生于低山丘陵区，穆棱市耕地主要沿山体开垦，坡度较大，土层较薄，水土流失更为严重（图5.45 ~ 图5.48）。

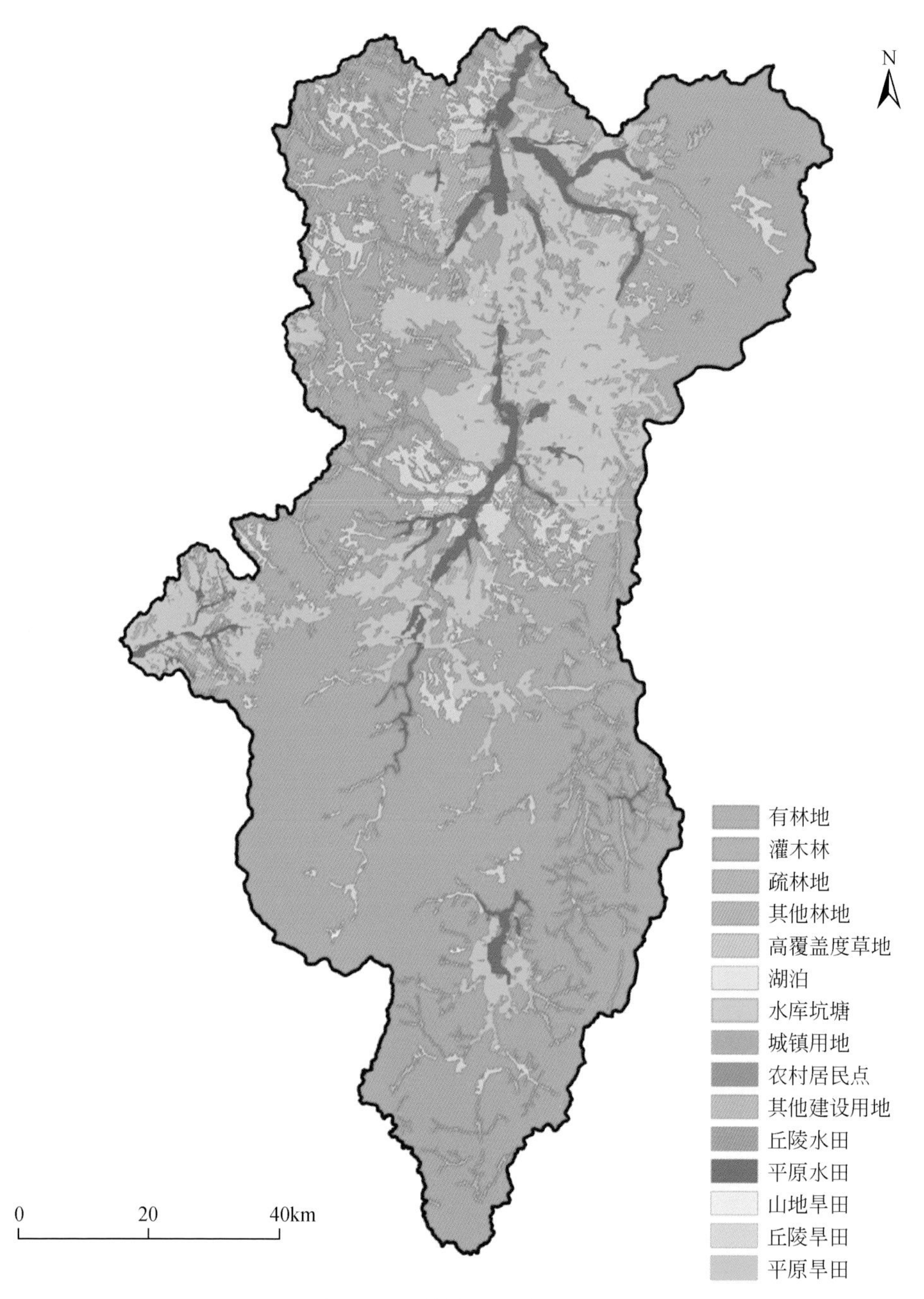

图 5.45　穆棱市土地利用

2000 年 Landsat TM 土地利用遥感解译数据

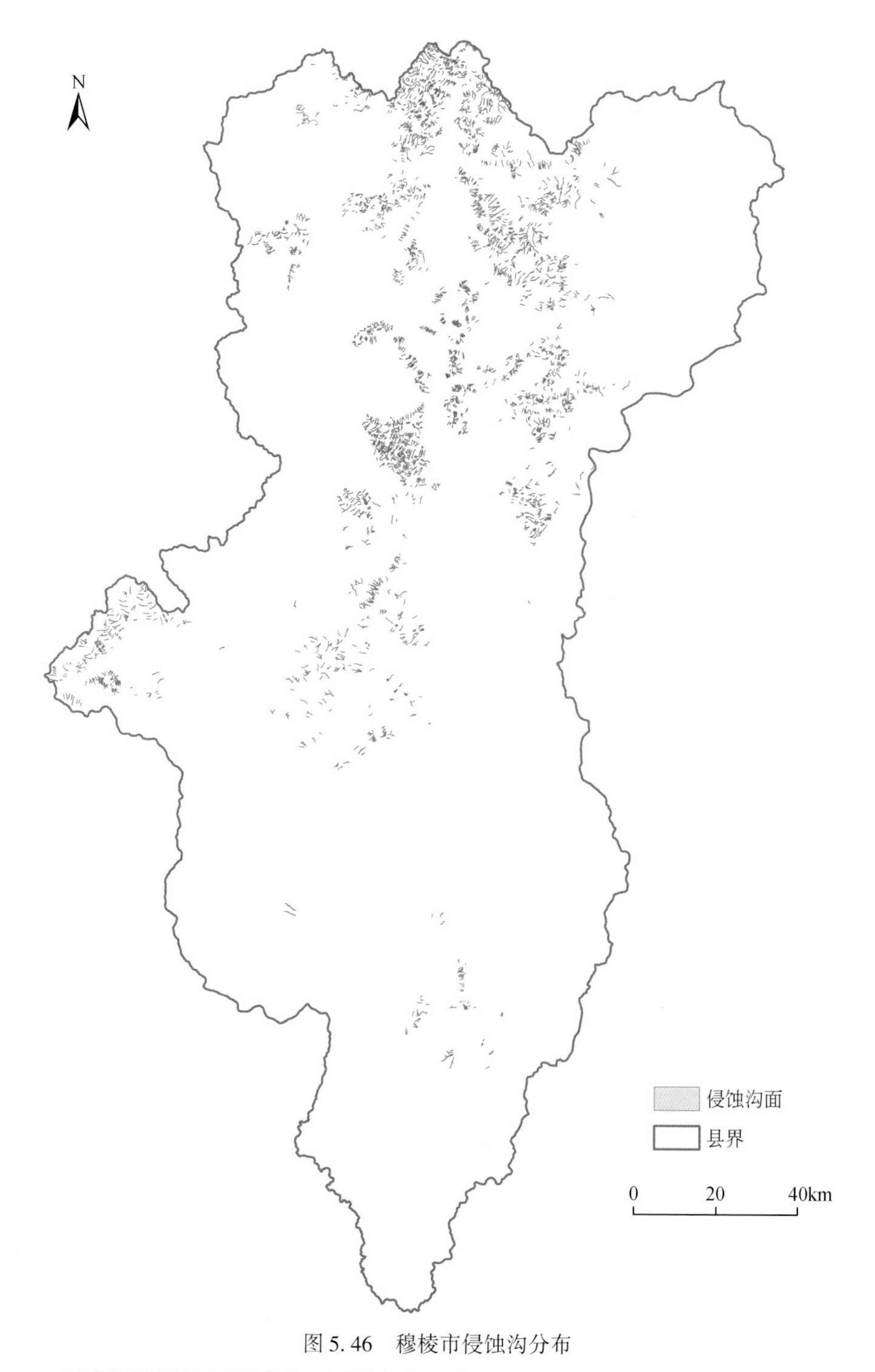

图 5. 46　穆棱市侵蚀沟分布

遥感影像数据结合侵蚀沟实地考察综合处理，侵蚀沟数据来源于水利部松辽水利委员会

图 5.47　严重侵蚀坡荒地（2003 年 9 月，张兴义拍摄）

图 5.48　严重侵蚀破皮黄坡耕地（2013 年 5 月，张兴义拍摄）

第三节 水土保持生态建设

东北黑土区规模化水土保持生态建设起始20世纪80年代的小流域水土保持生态治理，以小流域为单元，山、水、农田、路统筹规划，综合治理，采用全国统一的治理模式，“山顶戴帽，中间扎带子，山下稻草鱼”的模式。

2003年国家启动以坡耕地水土保持生态建设为主的东北黑土区水土流失综合治理试点工程，随后又启动了国家农业综合开发东北黑土区水土流失综合重点治理工程（一期、二期、三期），2017年又启动了国家农业综合开发东北黑土区侵蚀沟治理专项工程。松辽流域先后实施了国家水土保持综合治理试点小流域、国家水土保持重点建设工程（原八大片治理工程）、东北黑土区水土流失综合防治试点工程、生态修复试点、坡耕地治理以及国家农业综合开发东北黑土区水土流失综合治理等一系列国家级重点治理工程（图5.49），先后投入30多亿元，治理水土流失面积1.9万km^2。通过几十年的水土保持生态建设时间，东北黑土区涌现了一批水土流失综合治理典型小流域和生态文明县，形成了一批东北独具特色的水土保持创新技术和治理模式（张兴义和回莉君，2015）。

一、柳河流域生态治理

1983年柳河流域中上游被列为全国重点水土流失治理试点后，截至2010年底，柳河流域先后开展了4期水土流失重点治理工程，共投资2.5亿元，治理水土流失面积2389km^2，成为东北黑土区生态治理先进小流域。工程实施完成后，每年保土1704万t，保水5.84亿m^3。柳河新民水文站1965～2010年实测数据显示，实施的大量水土保持措施及中小型蓄水拦沙工程有效地控制了水土流失，减少了泥沙下泄（图5.50）。

二、大凌河流域生态治理

大凌河国家水土流失重点建设涉及辽宁、内蒙古两省（自治区）的16个市（县、区、旗）。2008～2012年治理水土流失面积3809.2km^2。其中，坡耕地治理水土流失面积681.7km^2，封育治理水土流失面积1177km^2，林草工程治理水土流失面积1950.5km^2，修建谷坊55 788座。工程实施后，仅坡面治理每年可保土2971.5万t，保水10.22亿m^3（图5.51～图5.54）。

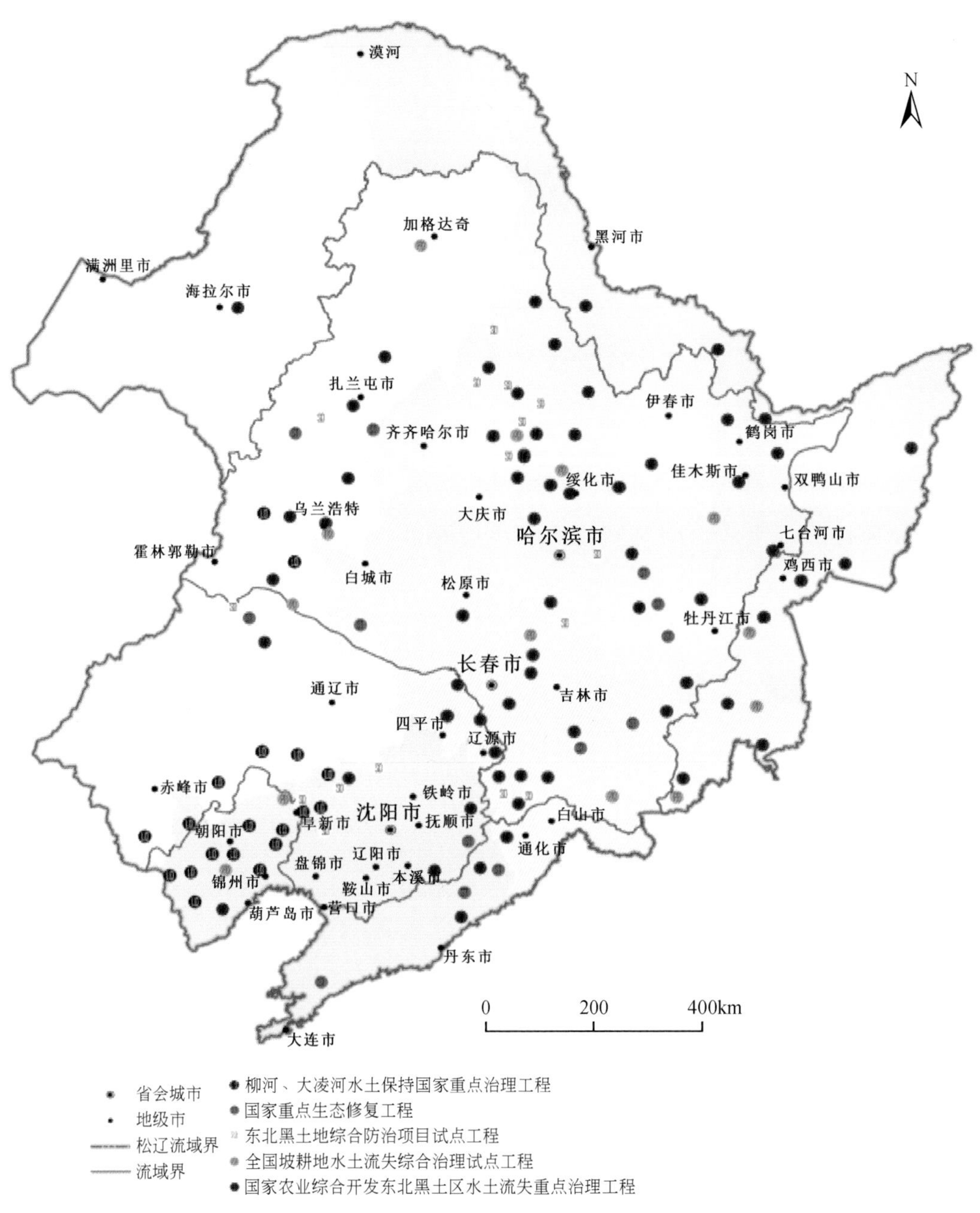

图 5.49　松辽流域国家重点工程位置示意

由水利部松辽水利委员会提供

图 5.50　小流域治理后的生态景观

2011 年 6 月，张兴义拍摄

图 5.51　1993 年大凌河治理状况

由水利部松辽水利委员会孟令钦提供

图 5. 52　1998 年大凌河治理状况

由水利部松辽水利委员会孟令钦提供

图 5. 53　2005 年大凌河治理状况

由水利部松辽水利委员会孟令钦提供

图 5.54 2012 年大凌河治理状况

2012 年 7 日，由水利部松辽水利委员会孟令钦提供

三、拜泉县水保生态治理

黑龙江省拜泉县是东北唯一的“国家水土保持生态文明县”，是东北黑土区水土流失治理的标杆。截至 2017 年，经过 60a 不断的治理，累计治理水土流失面积 30.6 万 hm^2，占应治理水土流失面积的 85%，工程完好率在 90% 以上，全县水土流失得到有效控制，生态环境明显改善，土地资源得到充分利用，农业生产结构得到合理调整，抗灾能力得到显著增强，打造出东北黑土区水土流失严重的市（县、区）黑土资源得到保护的可持续发展模式，得到国家的充分认可和国际组织的高度评价（图 5.55 和图 5.56）。

图 5.55　治理后的拜泉县通双小流域

2016 年 9 月，李浩采用微型航天器拍摄

图 5.56　拜泉县侵蚀沟治理

2015 年 6 月，李浩采用微型航天器拍摄

四、穆棱市水保生态治理

东北黑土区约有70%的水土流失发生于低山丘陵区，该区域耕地主要沿山体开垦，坡度较大，土层较薄，水土流失更为严重。黑龙江省穆棱市经过几十年的探索，构建了适用于低山丘陵区防治泥石流和保护坡耕地的水土保持模式以及“春秋会战”的水土保持生态建设组织模式（表5.3，图5.57～图5.61）。

表5.3 穆棱市坡耕地坡度分布（2013年）

坡度/°	面积/km²	所占比例/%
0～0.25	1.0	0.06
0.25～1.5	42.0	2.51
1.5～3	127.2	7.61
3～4	109.8	6.57
4～5	116.6	6.98
5～15	968	57.94
15～30	290	17.36
>30	16	0.96

资料来源：由中国科学院东北地理与农业生态研究所李浩提供

图5.57 治理后的穆棱市泉眼河小流域

由水利部松辽水利委员会孟令钦提供

图 5.58 穆棱市陡坡垦殖

2013 年 6 月，张兴义拍摄

图 5.59 穆棱市环山地埂植物带

2013 年 6 月，张兴义拍摄

图 5.60 穆棱市泥石流坡面防治工程

2017 年 5 月，李浩采用微型航天器拍摄

图 5.61 穆棱市水土保持大会场面

由水利部松辽水利委员会孟令钦提供

黑龙江省穆棱市政府充分重视水土保持生态建设，列为一把手工程，为解决农村“义务工和积累工”取消后的水保用工，增强全民水保意识，扎实推进水土保持生态建设，每年春秋各组织一次由全市机关和企事业单位参加的水土保持工程，创建了东北黑土区水土保持生态建设“春秋会战”组织实施模式。

五、国有农场水保生态治理

东北黑土区农垦系统农业生产模式有别于地方，其显著特征是地块大，大机械耕种，针对地方广泛应用的地埂植物带和梯田等水土保持措施不利于在大机械化耕种坡耕地实施这一现实，形成了一整套暗管排水和水土保持耕作为主体的适于农垦的水土保持生态治理模式（图 5.62 ~ 图 5.64）。

图 5.62　引龙河农场暗管布设

2013 年 10 月，张兴义拍摄

（一）坡面水土保持措施

经过几十年的水土保持生态建设实践，已探索出一整套行之有效的水土保持单项措施，2009 年水利部松辽水利委员会编写了我国首个区域水土流失综合治理技术标准——《黑土区水土流失综合防治技术标准》（SL 446—2009），经国家审定

图 5. 63　垄向区田水土保持耕作

由水利部松辽水利委员会孟令钦提供

图 5. 64　红星农场侵蚀沟治理

由水利部松辽水利委员会孟令钦提供

颁布（水利部，2009），东北黑土区水土保持生态建设走上了标准化道路，保障了治理成效。

等高垄作适用于坡度<3°的坡耕地，将斜坡或顺坡垄作改为等高垄作。(图 5. 65)

地埂植物带适用于 3°～5°坡耕地，在等高垄作的基础上间隔修筑地埂，埂上栽植水保植物，为东北黑土区采用最多的水土保持措施（图 5. 66）。

图 5. 65　等高垄作

黑龙江省海伦市光荣村，2008 年 7 月，张兴义拍摄

图 5. 66　地埂植物带

黑龙江省拜泉通双小流域，2005 年 6 月，张兴义拍摄

梯田适用于坡度>5°的坡耕地，占耕地的10% ~20%，埂上栽植水保植物，为东北黑土区防治能力最高的水土保持措施（图5.67）。

图5.67 梯田

黑龙江省拜泉通双小流域，2016年6月，张兴义拍摄

（二）水土保持耕作措施

苗期垄沟深松适用于坡度<5°的坡耕地，苗期利用深松犁深松垄沟，打破犁底层，增加入渗速率，减少地表径流，进而遏制水土流失（图5.68）。

垄向区田适用于坡度<7°的坡耕地，结合最后一次中耕利用区田犁在垄沟间隔横向筑埂，形成连续小蓄水池，蓄水增加入渗速率，减少地表径流，进而遏制水土流失（图5.69）。

（三）水土保持创新技术

1. 双埂带水土保持技术

研发者为黑龙江省穆棱市水务局，起始于1992年。适用于低山丘陵区坡度大、土层薄，难以修筑传统的地埂植物带或梯田。该技术基于传统拦蓄的水保理念，增加导排功能，在改垄的前提下，等高间隔挖沟，沟两侧筑埂，埂上栽植水保植物，小雨时拦蓄雨水，集中暴雨拦蓄的同时利用埂间沟导排地表径流，很好地保护了水土，增加了防护能力，尤其可防止泥石流的发生，在东北黑土区占水土流失面积70%的低山丘陵区具有广泛的应用前景（图5.70和图5.71）。

图 5.68 垄沟深松

黑龙江省海伦市光荣村，2011 年 6 月，韩秉进拍摄

图 5.69 垄向区田

黑龙江省海伦市光荣村，2011 年 6 月，宋春雨拍摄

图 5.70　双埂带结构

由黑龙江省穆棱市水务局曲远强提供

图 5.71　双埂带坡面布设

黑龙江省穆棱市，2017 年 6 月，李浩采用微型航天器拍摄

2. 侵蚀沟复垦技术

研发者为黑龙江省引龙河农场水务局，起始于2003年，适用于耕地中深度<2m的中小型侵蚀沟。做法是利用挖掘机将沟道整形为沟岸陡直的长方体，挖出的土堆积在沟道两侧，沟底布设暗管后，用打捆紧实的秸秆捆填埋，最上层50cm用沟两侧土回填，抚平侵蚀沟，侵蚀沟消失，实现沟毁耕地再造，变沟线地表汇流为垂直入渗地下暗管导排，使得侵蚀沟复垦后不再重新成沟，已在农垦系统推广，东北其他水土保持工程项目区应用，是一项集成侵蚀沟生态修复、秸秆资源化利用、土地整理、现代化农业等为一体的创新技术，具有广泛的应用空间（图5.72～图5.74）。

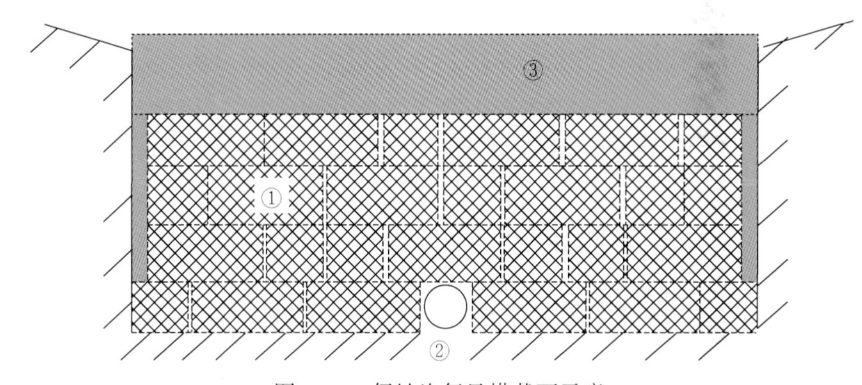

图5.72 侵蚀沟复垦横截面示意

①为秸秆捆；②为暗管；③为回填土。由张兴义提供。

图5.73 侵蚀沟复垦中

黑龙江省绥棱县农场，2015年10月，李浩采用微型航天器拍摄

图 5.74　侵蚀沟复垦后

黑龙江省绥棱县农场，2015 年 10 月，李浩采用微型航天器拍摄

第六章　　黑土地保护

国家对东北黑土地保护已高度重视，自2015年启动了黑土地保护利用试点工程，已连续3a将黑土地保护利用列入“中央一号文件”，每年投入5亿元，在17个项目市（县、区、旗）开展，每个项目区保护面积6666.6hm^2。已将扩大黑土地保护利用列入国家计划，2018年起增加黑土地保护利用国家投资和规模，目标是到2030年，使东北黑土区耕地质量平均提高一个等级以上，黑土地保护面积达0.167亿hm^2。

第一节　黑土地保护利用试点工程

黑土地保护利用试点工程，试点期为3a，共有17个市（县、区、旗），分别是黑龙江省哈尔滨市双城区、呼兰区、龙江县、桦川县、海伦市、克山县、宁安市、嫩江县和绥化市北林区；吉林省农安县、松原市宁江区、公主岭市和榆树市；辽宁省铁岭县和法库县；内蒙古自治区阿荣旗和扎赉特旗。图6.1是项目市（县、区、旗）黑土地保持利用试点工程的示意图，每个项目市（县、区、旗）实施面积6666.6hm^2以上。

第二节　黑土地保护利用措施

黑土地保护利用主要是针对黑土退化，土壤质量下降的现实问题，以增加黑土有机质含量提升黑土农田地力为核心目标，主要通过增加土壤有机物料归还量，实施保护性耕作和合理轮作等措施实现。

一、秸秆还田

（一）秸秆粉碎深翻埋技术

秸秆深翻埋是还田的一项重要途径，早已在北美黑土区应用，在我国东北黑土区技术也已成熟，机械配套，成为黑土地保护利用试点工程的主打技术。

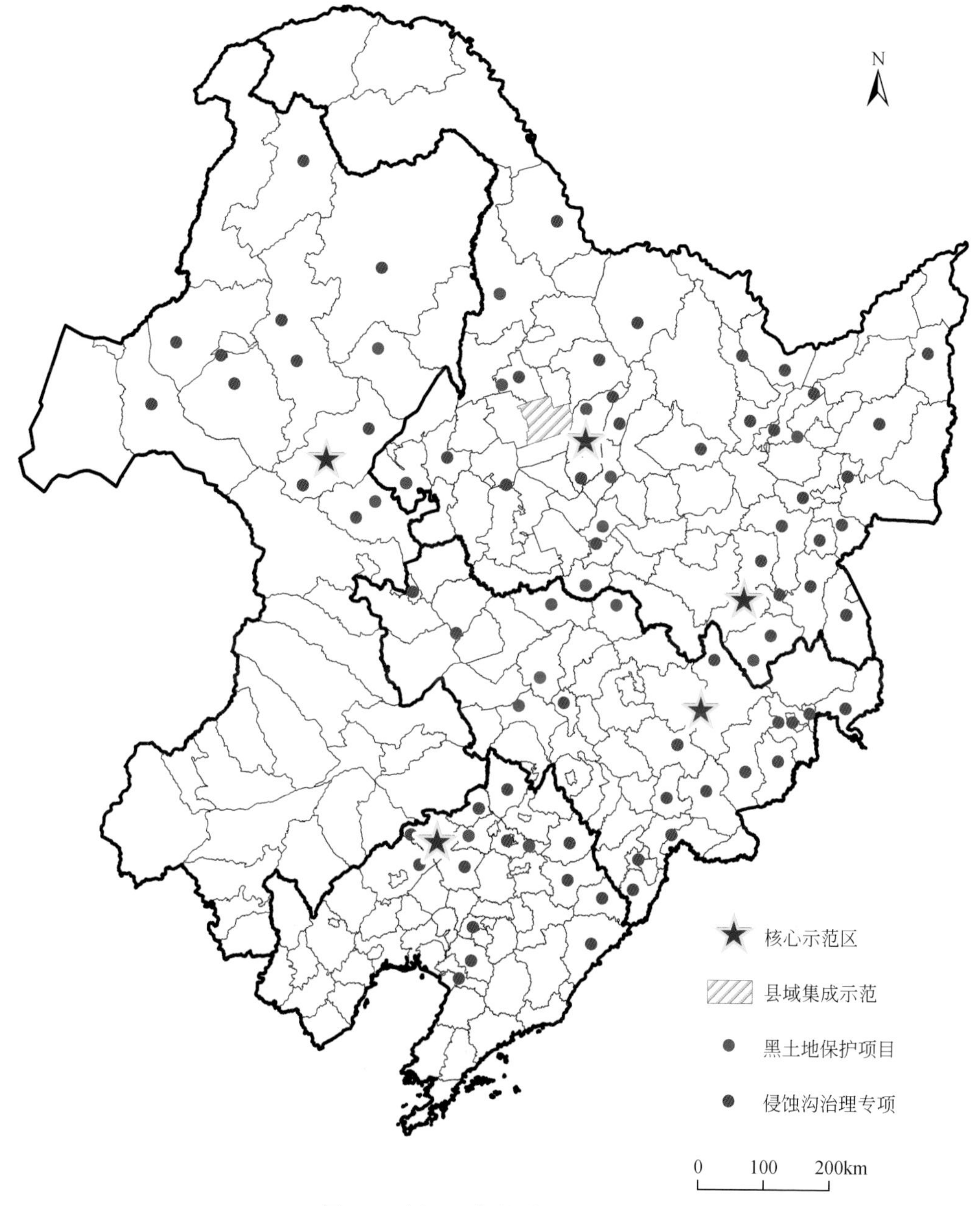

图 6.1 黑土地保护利用试点工程

蓝色圆点表示黑土地保护利用项目市（县、区、旗）综合治理。由国家地球系统科学数据共享服务平台——东北黑土科学数据中心提供

技术原理：将粉碎后的秸秆深埋于垄作层下，实现年腐解 80% 以上，增加土壤有机碳输入量；改善土壤结构，增加入渗和通气性。

技术要点：秸秆粉碎灭茬，保证翻耕效果；补氮促进秸秆分解；通过深翻，打破犁底层；翻耕深度控制在 20cm 以上，不易一次过深，生土裸露，会降低产量（图 6.2）。

(a) 秸秆粉碎灭茬

(b) 撒施氮肥

(c) 翻耕深埋

(d) 整地耙细

(e) 旋耕起垄

图 6.2　秸秆粉碎深埋还田技术流程（2016 年 4 月张兴义拍摄）

技术效果：秸秆全量还田，土壤有机质不减或略增，作物产量增加10%～20%，较农民传统旋耕作业增加机耕投入约1000元/hm^2。

（二）秸秆覆盖条耕技术

作为保护性耕作的最主要代表，秸秆覆盖免耕已在欧美广泛应用，成为黑土保护的最主要措施，实现了秸秆全量还田，有效地提高了农田土壤持水保水能力（图6.3和图6.4）。然而，我国黑土区气候相对冷凉，中国科学院东北地理与农业生态研究所在黑龙江省海伦市连续10a（2004～2014年）的田间定位试验表明，玉米秸秆覆盖免耕减产15%～30%。主要是秸秆覆盖免耕增加了春季土壤含水量（约3%），却降低了土壤温度（2～3℃），致使玉米出苗晚且出苗率低，同时早起苗生长弱小，是减产的主要原因（Soil Survey Staff，1999）。

图6.3　2013年8月埋层秸秆腐解状况

2013年8月，张兴义拍摄

提高种床土壤温度是实现秸秆地表覆盖还田的关键，条耕技术很好地解决了这一难题（图6.5～图6.8）。

技术原理：秋收秸秆粉碎覆盖地表后，利用条耕犁创造疏松种床条带，第二年春季在温暖的种床上直接播种，其他管理措施与免耕相同。

技术要点：秋季机械收获时秸秆粉碎直接抛撒覆盖于地表，利用条耕犁犁刀将根茬切碎后，在垄台中部耕深不低于20cm，宽约为20cm疏松土壤条带，条带间秸秆覆盖。第二年春季在条带上直接播种，除喷施除草剂和叶肥等外不再进行其他耕作作业。

图 6.4　美国黑土免耕

2003 年 5 月，张兴义拍摄

图 6.5　条耕作业

2015 年 10 月，张兴义拍摄

图 6. 6　条耕后

2015 年 10 月，张兴义拍摄

图 6. 7　传统耕作玉米苗期

2003 年 6 月，张兴义拍摄

图6.8　条耕玉米苗期

2003年6月，张兴义拍摄

技术效果：秸秆全量还田，土壤有机质不减，作物略减产或不减产，较农民传统旋耕作业减少机耕投入约400元/hm^2。

二、有机肥还田技术

施用有机肥是一项传统有效的培肥土壤途径，当前农村家庭养猪基本消失，养牛较为普遍（图6.9）。然而牛粪中混杂秸秆较多，农民传统堆腐2～3a，也不能完全腐熟，施入农田后肥力较差，且多杂草种子和虫卵，草害和虫害加剧，农民多将牛粪废置于村边，既污染了环境，又造成资源浪费。

牛粪快速腐熟技术已成熟，为有机肥还田建立了重要前提。在适宜的温度、水分和空气条件下，利用生物菌剂实现有机肥快速腐熟，调节得当，一个月即可实现牛粪彻底腐熟（图6.10）。

中国科学院东北地理与农业生态研究所张兴义学科组，在牛粪快速腐熟技术的前提下，充分利用黑龙江省海伦市双泉村富余的秸秆和牛粪等生物质资源，以低处淤泥为基质，以添加微生物菌剂为引擎，形成了一整套有机肥规模化生产技术（图6.11～图6.13）。

沤制好的有机肥，无秸秆，无臭味，干爽，有机质含量达31.2%，每吨干物质含有机碳177.7kg，含氮7.58kg（相当于16.5kg尿素），含磷4.93kg，含钾16.9kg

图 6.9　村边废弃的牛粪

2008 年 8 月，张兴义拍摄

图 6.10　牛粪快速腐熟发酵场

黑龙江省海伦市光荣村，2010 年 8 月，张兴义拍摄

图6.11 规模化有机肥沤制技术

2016年，由张兴义提供

图6.12 沤制中

2016年5月，李浩采用微型航天器拍摄

图 6.13　沤制完成

2017 年 7 月，李浩采用微型航天器拍摄

（相当于 33.1kg 硫酸钾肥）。单个沤肥场规模达 1 万 m^3 以上的规模，每立方米有机质沤制成本控制在 50 元以上，在项目区每年有机肥还田 2000hm^2 以上，对培肥黑土农田提供了有力保障。

流程：以含有 30% 有机含量的有机碳为目标，以河底淤泥为基质，附加牛粪和玉米秸秆，添加激活后微生物菌剂。淤泥、牛粪、玉米秸秆最低重量配比为 8∶1∶1，利用农田防护林导水沟和林影地，秋收后就近获取淤泥、鲜牛粪和粉碎的秸秆，分层条带铺设，越冬。第二年 5 月下旬，利用挖掘机倒堆，同时喷生物菌剂，控制水分含量在 50% 左右，当温度升到 60℃ 左右，开始二次倒堆，以此倒堆 4～5 次，腐解完毕，有机肥沤制完成，历时 1.5～2 个月。

三、轮作休耕技术

（一）作物轮作技术

轮作是农田保护性生产的最佳方式，已被国内外广泛证明并应用。黑土发育形成于半干旱半湿润的温带区域，土壤肥沃，成为玉米和大豆主产区，为开展轮作提供了有利条件。玉米–大豆轮作已成为旱作黑土农田的主要保护性措施之一，同时实现了条带和间作种植（图 6.14）。

旱作黑土农业，除主产作物玉米和大豆外，还种植马铃薯、甜菜、芸豆、高粱、谷子等作物，与主产作物尤其是玉米轮作（图 6.15）。

图 6.14　玉米-大豆轮作

黑龙江省拜泉县，2016 年 9 月，李浩采用微型航天器拍摄

图 6.15　玉米-杂粮轮作

黑龙江省海伦双泉村，2016 年 9 月，李浩采用微型航天器拍摄

（二）休耕技术

休耕即退耕，包括自然恢复、退耕种草、还林、种植牧草和覆盖作物等，是黑土地力培育的最有效保护措施，南美黑土区应用最为普遍。然而我国东北黑土区受国家粮食需求和农民经济收益的双重压力，实施难度大，但在黑土退化严重尤其水土流失区也有部分采用（图 6. 16 ~ 图 6. 18）。

图 6. 16 退耕还林还草

黑龙江省拜泉县，2016 年 6 月，李浩采用微型航天器拍摄

四、规模化生产保障典型案例

黑土保护核心驱动力为国家政策以及在政策驱动下的生产模式。一家一户条带种植限制黑土保护措施的实施，效果更难以保证。近几年土地流转加速，种植户种植面积增加，尤其是各种农村土地经营组织，如农机合作社、特种种植联合体、家庭农场等如雨后竹笋不断涌现，通过租赁和整合等方式，集中连片黑土农田，统一管种，这种规模化生产模式为黑土保护提供了强有力的基础。

土地集中后，经营者统一规划，制定种植计划，采取大机械耕作，建立合理轮作，利用黑土肥沃优势，注重有机或绿色农产品开发，秸秆和有机肥还田成为不可缺少的生产环节，变黑土地保护被动为主动，尤其是国家补偿性黑土地保护资金引

图 6.17　退耕还林还草

黑龙江省穆棱市东大沟，2017 年 6 月，李浩采用微型航天器拍摄

图 6.18　退耕还草

黑龙江省穆棱市，2017 年 6 月，李浩拍摄

领，建立了新型经营主体承担、政府购买服务的规模化黑土地保护生产模式，形成了“可推广、能落地”的黑土地保护实施体制。

典型案例：黑龙江省海伦市双泉富硒有机杂粮生产合作社。

组织生产模式：利用农田黑土肥沃和富硒的优势，成立富硒有机杂粮生产合作社，采取自愿的方式，将全村82%的耕地租赁，规划成33.3hm^2以上的方田，整理土地，形成防护林、排水沟、道路网，以方田为单元制定耕作、轮作、杂粮种植计划，统一沤制有机肥，亩施有机肥3m^3，建立了万亩有机杂粮生产模式，黑土地保护措施，如秸秆还田、施有机肥、轮作、大机械耕作等成为必不可少的生产保障（图6.19）。

图6.19　万公顷有机杂粮生产田

黑龙江省海伦市双泉村，2016年7月，李浩采用微型航天器拍摄

参考文献

范昊明，蔡国强，王红闪 . 2004. 中国东北黑土区土壤侵蚀环境 . 水土保持学报，18（2）：66-70.

龚子同，张甘霖，陈志诚，等 . 2007. 土壤发生与系统分类 . 北京：科学出版社：144-145.

龚子同 . 2003. 黑土生金——从俄罗斯治理黑土的经验教训看我国黑土的利用 . 科学新闻，(4)：36-36.

龚子同 . 2012. 从俄罗斯黑钙土到中国黑土——纪念宋达泉先生诞辰 100 周年 . 土壤通报，43（5）：1025-1028.

郭秀文 . 2002. 东北黑土区水土流失调查 . 沿海环境，(10)：20-23.

何万云，张之一，林伯群 . 1992. 黑龙江土壤 . 北京：中国农业出版社 .

呼伦贝尔盟土壤普查办公室 . 1991. 呼伦贝尔土壤 . 呼和浩特 ：内蒙古人民出版社 .

柯夫达 . 1960. 中国之土壤与自然条件概论 . 陈思健，杨景辉，译 . 北京：科学出版社：213-242.

刘春梅，张之一 . 2006. 我国东北地区黑土分布范围和面积的探讨 . 黑龙江农业科学，(2)：23-25.

鲁如坤 . 1999. 土壤农业化学分析方法 . 北京：中国农业科技出版社 .

陆继龙 . 2001. 我国黑土的退化问题及可持续农业 . 水土保持学报，15（2）：53-55.

孟凯，刘月杰 . 2008. 黑土退化阶段与强度分析 . 农业系统科学与综合研究，24（4）：476-479.

孟凯，王德录，张兴义，等 . 2002. 黑土有机质分解、积累及其变化规律 . 土壤与环境，11（1）：42-46.

潘德顿等著，李庆奎译 . 1935. 土壤专报 . 第 11 号：1-18.

全国土壤普查办公室 . 1998. 中国土壤 . 北京：中国农业出版社：162-566，318-387.

沈波，范建荣，潘庆宾 . 2003. 东北黑土区水土流失综合防治试点工程项目概况 . 中国水土保持，(11)：7-8.

水利部 . 2009. 黑土区水土流失综合防治技术标准 . 北京：中国水利水电出版社 .

水利部 . 2010. 中国水土流失防治与生态安全：东北黑土区卷 . 北京：科学出版社 .

水利部 . 2013. 第一次全国水利普查水土保持情况公报 . http：//www. gov. cn/gzdt/2013-05/18/content_2405623. htm［2013-05-18］.

隋跃宇，赵军，冯学民 . 2013. 关于黑土 白浆土 沼泽土的论述——张之一文选 . 哈尔滨：哈尔滨地图出版社 .

唐克丽 . 2004. 中国水土保持 . 北京：科学出版社 .

汪景宽，王铁宇，张旭东，等 . 2002. 黑土土壤质量演变初探 I ——不同开垦年限黑土主要质量指标演变规律 . 沈阳农业大学学报，33（1）：43-47.

威林斯基 . 土壤学 . 傅子帧，译 . 北京：高等教育出版社，1957.

魏才，邢大勇，任宪平 . 2003. 黑土区耕地资源面临的形势与发展对策 . 水土保持科技情报，(5)：32-33.

阎百兴，汤洁 . 2005. 黑土侵蚀速率及其对土壤质量的影响 . 地理研究，24（4）：499-506.

张兴义，回莉君 . 2015. 水土流失综合治理成效 . 北京：中国水利水电出版社 .

张兴义，刘晓冰，隋跃宇，等 . 2006. 人为剥离黑土层对大豆干物质积累及产量的影响 . 大豆科学，25（2）：123-126.

张兴义，孟令钦，刘晓冰，等 . 2007. 黑土区水土流失对玉米干物质积累及产量的影响 . 中国水利，

（22）：47-49.

张兴义，隋跃宇，宋春雨 . 2013. 农田黑土退化过程 . 土壤与作物，2（1）：1-6.

张之一 . 2005. 关于黑土分类和分布问题的探讨 . 黑龙江八一农垦大学学报，17（1）：5-8.

张之一 . 2010a. 关于世界黑土分布的探讨 . 黑龙江农业科学，（4）：59-60.

张之一 . 2010b. 黑土开垦后黑土层厚度的变化 . 黑龙江八一农垦大学学报，22（5）：1-3.

张之一 . 2010c. 黑龙江省土壤开垦后土壤有机质含量的变化 . 黑龙江八一农垦大学学报，22（1）：1-4.

张之一 . 2011. 中国东北地区的暗沃土 . 黑龙江八一农垦大学学报，23（6）：1-4.

中国科学院林业土壤研究所 . 1980. 中国东北土壤 . 北京：科学出版社 .

中华人民共和国民政部 . 2010. 中华人民共和国行政区划简册 . 北京：中国社会出版社 .

Soil Survey Staff. 1994. 土壤系统分类检索 . 钟俊平，张凤荣，译 . 乌鲁木齐：新疆大学出版社：255-311.

Huffman T，Coote D R，Green M，et al. 2012. Twenty-five years of changes in soil cover on Canadian Chernozemic（Mollisol）soils，and the impact on the risk of soil degradation. Canadian Journal of Soil Science，92（3）：471-479.

Kravchenko Y，Rogovska N，Petrenko L，et al. 2012. Quality and dynamics of soil organic matter in a typical Chernozem of Ukraine under different long-term tillage systems. Canadian Journal of Soil Science，92：429-438.

Li H，Cruse R M，Liu X，et al. 2016. Effects of Topography and Land Use Change on Gully Development in Typical Mollisol Region of Northeast China. Chinese Geographical Science，26（6）：779-788.

Liu X B，Charles L B，Yuri S K，et al. 2012. Overview of Mollisols in the world：Distribution，land use and management. Canadian Journal of Soil Science，92（3）：383-402.

Soil Survey Staff. 1999. Soil Taxonomy（2nd edition）. Agriculture Hand—book 436 U. S. Washington D C：Government Printing Office. 23-25，555-654，838-854.

Spaargaren O C. 1994. World Reference Base for Soil Resources. Rome：Wageningen.